피부 나이를 거꾸로 돌리는
바이오 화장품

피부 나이를 거꾸로 돌리는
바이오 화장품

김은기 지음

전파과학사

〈Cosmetics&Toiletries〉는 100년 전통 세계적 화장품 잡지다. 전 세계의 새로 나온 화장품과 최신 연구들을 소개하는 잡지로, 97개국에서 구독하고 있으며 필자 또한 정기구독하고 있다. 금년 1월호 표지 제목이 눈에 띈다. '피부미생물과 바이오필름', 즉 여드름과 피부아토피의 직접적 원인인 피부에 살고 있는 미생물이 표지 제목이 된 것이다. 첫 장을 열면 '핫뉴스'로 '피부 유전자를 변화시켜 젊게 만드는 화장품'이 소개되어 있다. 피부세포 DNA를 조절하는 물질로 화장품을 만들었더니 피부장벽 손상이 40%나 빨리 회복되었다는 기사였다. 그 아래에는 이스라엘 화장품 회사에서 피부세포 노화를 방지하는 원료를 수선화에서 찾아 그 원료로 만든 기능성 화장품에 대한 기사가 있다. 세포 유통기한에 해당하는 '텔로미어' 길이를 원상회복시키는 원료다. 이 잡지 제목들만 보아도 현재 세계의 화장품 연구 동향을 한눈에 알 수 있다. 화장품은 바이오 기술로 점프하고 있다. 피부세포를 분자 수준에서 조절하는 화장품이 속속 개발되고 있다. 이러한 경향은 사실 필연적이기도 하다.

우리 피부는 살아 있는 세포들이기 때문이다.

고대 이집트에서부터 화장품은 있었지만 주로 메이크업용에 가까웠다. 물론 지금도 메이크업 제품은 화장품 기본 제품이지만 맑고 깨끗한 피부를 갖고 싶은 것이 여성들의 근본적인 바람일 것이다. 화장품은 급속히 진화하고 있으며 초특급의 속도로 피부세포 연구가 진행 중이다. 4차 산업 기술과 맞물린 바이오 기술이 화장품에도 적용되기 시작했기 때문이다. 건성피부에는 어떤 미생물들이 살고 미생물들이 면역세포와는 무슨 꿍꿍이를 꾸미고 있는지를 바이오 빅데이터로 알아낸다. 화장품이 바이오 기술을 적극 도입하는 것 역시 당연한 결과일 것이다. 피부색, 주름, 노화, 모두 세포 속 DNA가 하는 일이기 때문이다.

하지만 바이오 기술의 원리는 일반인에게는 어렵기만 하다. DNA나 줄기세포에 관한 내용도 과학적인 지식 없이 이해하기 어렵다. 이 책은 바이오가 어떻게 화장품에 적용되는가를 쉽게 설명하려고 한다. 피부가 햇빛을 받으면 왜 검어지는지, 보톡스 주사는 무슨 원리로 주름을 없애는지를 마치 이야기를 들려주듯 일상적인 언어로 설명했다. 딱딱한 과학적 지식을 나열하지 않았다. 한정식 주인이 건네준 삭힌 홍어를 입에 물고 절절맨 개인적인 경험을 통해 발효화장품을 설명했다. 중국 샹그릴라 지역 약초로는 왜 화장품을 만들기 어려웠는지를 식물세포배양 기술을 통해 이야기했다.

이 책은 크게 네 부분으로 구성되어 있다. 첫째는 미래 화장품은 어떻게 변할까에 대한 전망을 말한다. 호르몬을 조절하는 화장품, 피부미생물을 조절하는 화장품, 방부제가 없는 화장품은 가능한가를 이야기한다. 둘째는 몸 전체와 연결된 피부를 이야기한다. 장내세균, 운동, 비만, 스트레스, 땀과 피부는 무슨 연관이 있는가를 알 수 있다. 셋째는 최신 바이오 기술이 어떻게 피부에 적용되는가를 설명했다. 줄기세포 화장품, 바이오 계면활성제, 히알루론산이 만들어지는 원리를 설명한다. 넷째는 피부가 몸의 보호막이라는 이야기다. 자외선, 피부장벽, 주름생성, 보습에 대한 원리를 설명했다.

이 책은 화장품에 적용되는 최신 기술들, 특히 바이오를 중심으로 설명한다. 화장품은 성별이나 연령에 상관없이 누구나 관심 있는 분야다. 단순한 관심에 그치지 않고 어떤 기술과 원료로 화장품을 만드는지를 아는 것이 중요하다. 화장품에는 왜 방부제가 들어가는지, 방부제 없는 화장품은 왜 불가능한지를 알아야 한다. 그래야 화장품에 대한 오해와 불신이 사라질 것이다.

K-Pop과 함께 K-Beauty가 한국의 효자 산업으로 떠오르고 있다. 둘 다 기초가 튼튼해야 장수할 수 있다는 공통점이 있다. 어떤 상품, 기술이 성공하려면 제품의 기술은 기본이며 그 후는 대중이 그 기술에 대해 얼마큼 지지를 보내는가에 달려 있다. 대중의 지지를 받을 수 있는 가장 빠른 길은 대중과의 소통을 통해서일 것이다. 이 책을 통해 피부에 대한 과학적인 이해와 바이오 기술과 화장품을 이해하는 데 도움이 되기를 바란다.

글의 바탕이 된 칼럼의 지면을 제공해 주었던 〈뷰티누리 화장품신문〉에 감사한다. 무엇보다 어려운 출판 환경에서도 책을 만들어 준 전파과학사 손동민 대표에게 감사의 인사를 전한다.

2020년 다사다난한 한해를 지내며

김은기

차례

PART

I

피부, 미래를 꿈꾸다

Chapter 1

카멜레온처럼
피부색을 바꾸자

: 피부색 결정요인

'카멜레온 같은 사람이 되자'

마음에 드는 짝을 구하기 위해 나온 TV 속 남녀 출연진들의 수다에서 나오는 이야기다. 부스스한 얼굴에 늘 같은 색, 비슷한 느낌의 옷을 입는 이성에게는 눈길이 머물지 않는다. 반면 사람을 살짝 놀라게 하는 반전 매력이 있는 톡톡 튀는 이성은 언제나 사람 마음을 뒤흔든다. 그렇다고 천방지축, 예측불허, 한 치 앞도 알 수 없는 독특한 사람을 찾겠다는 것은 아니다. '나는 내가 바꿀 수 있다'는 자신감을 가진 당당한 사람이 짝으로 1순위라는 이야기이다.

사진 1-1 **다양한 색깔의 카멜레온**

그렇다고 조용한 사람이 불리하다는 이야기는 아니다. 변화의 천재인 카멜레온은 원래 조용한 동물이다. 슬금슬금 걸어 다니는 카멜레온은 피부색이 노란색부터 검정색까지 시시각각 주변 색에 따라 변한다. 색을 바꾸는 것이 살아남기 위한 변신과정이다. 그런데 보통 생각하는 것처럼 주위 나무색에 따라 카멜레온의 피부색이 변하는 것이 아니다. 자신의 감정에 따라 변한다. 즉, 열 받을 일이 생기면 '붉으락푸르락', 피부색이 검정에서 노란색으로 변한다.

어찌 보면 자기 자신의 감정에 충실한 셈이다. 또한 이 녀석은 너무 더워도 색을 바꾼다. 햇볕에 따라 색을 미리 바꾸어서 열 받지 않도록 한다. 게다가 짝을 만날 때도 색을 바꾼다. 왜 바꿀까? 쿵쿵 가슴이 뛰어서일까, 아니면 깜짝깜짝 놀라게 해서 짝을 긴장하게 하려는 걸까.

한 남자 개그맨이 말했다. 내 이상형은 '처음 본 여자'라고. 이 농담에 '수컷들은 다 똑같은 속물이다'라며 여성 게스트들이 분노했다. 하지만 이 개그맨은 '짝의 매력은 상대방을 가끔 긴장시키는 능력'이라는 뜻으

사진 1-2 다양한 공작 꼬리색

공작의 꼬리색이 다양한 이유는 색소 때문이 아니다. 꼬리 내부 격자구조에 따라 반사되는 빛이 다르기 때문이다

로 돌직구를 날린 것뿐이라 한다. 긴장하지 않는 물고기는 어항에서 키운 금붕어뿐이다. 반면 투명한 계곡물 속 톡톡 튀는 산천어는 늘 긴장한다. 그것이 살아 있다는 증거이다. 현명한 짝은 산천어처럼 톡톡 튀면서 자신의 짝을 들었다 놨다 한다. 이건 연애 단계의 짝만이 아니라 몇십 년을 같이 산 '오래 된 짝'도 마찬가지이다. 카멜레온의 자유분방함이 짝 사이에는 언제나 필요하다는 이야기다.

카멜레온은 피부를 당겨서 피부색을 변화시킨다

카멜레온처럼 피부색을 마음대로 변화시키는 화장품은 없을까? 경극 배우처럼 정성스레 시간을 들여 분장을 할 수도 있지만 카멜레온은 뇌로 피부색을 바꾼다. 즉, 뇌 신호를 받은 카멜레온은 3개 피부 층에 분산되어 있는 노랑, 파랑, 검정 색소를 당겼다 늘렸다 하면서 색을 변화

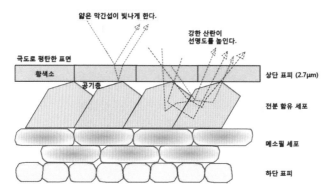

사진 1-3 구조색 : 피부 아래 다양한 나노격자 구조 때문에 반사되는 빛 파장이 달라지고 겹치면서 다양한 색이 나타난다

시킨다. 색소가 모이면 짙어지고 퍼지면 밝아진다. 인간 피부에 있는 멜라닌색소보다 다양한 색소를 갖고 있어 별별 색을 다 만드는 셈이다. 또한 5~10초 만에 빠르게 바꾼다. 이에 반해 사람이 화장으로 얼굴색을 바꾸는 데는 적어도 반 시간, 아니 한 시간은 족히 넘게 걸린다. 게다가 메이크업 과정은 그리 간단하지 않다. 합판에 칠을 곱게 하려면 바탕칠을 하듯이 얼굴에도 베이스 메이크업을 해야 한다.

그리고 그 위에 다시 색조 화장을 해서 색을 얹어야 한다. 피부에 이중 삼중 밀폐막이 생긴 셈이다. 더구나 밤에는 다시 그 칠을 클렌징 폼을 써서 없앤다. 피부로서는 꽤나 고생하는 셈이다. 이런 메이크업과 클렌징이 매일 반복된다면 피부는 매일 자극을 받게 돼 예민해질 수 있다.

고대부터 전해 내려온 이런 전통적인 페인팅 방법 대신 카멜레온 지혜를 빌릴 방법은 없을까? 얼마 전 러시아에서 아이디어 제품이 나왔다. 피부 위에 아주 얇은 투명 막을 씌워서 황사, 미세먼지로부터 피부

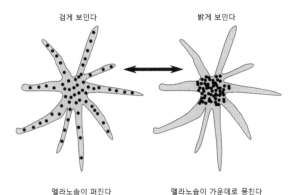

물고기, 개구리 피부색 세포 변하는 원리

검게 보인다   밝게 보인다

멜라노솜이 퍼진다   멜라노솜이 가운데로 뭉친다

사진 1-4 개구리 피부색이 변하는 이유

개구리, 물고기 피부색이 변하는 이유는 세포 속 색소물질Melanophore이 뭉치거나 퍼지면서 변한다

를 보호하자는 것이었다. 일회용이고 다공성이면서 피부에 달라붙어 편리하다고 한다. 문제는 여기에 색을 칠할 수 없다는 것이다. 그 뒤로

카멜레온 색이 변하는 원리

동물의 피부색이 변하는 방법은 크게 두 가지다. 하나는 피부색소가 모이거나 퍼지거나 할 경우다. 물에 잉크방울이 그대로 있으면 투명하지만 퍼지면 검게 보이는 원리다(사진 1-4). 카멜레온은 이 방식이 아니다. 피부구조를 당겨서 색을 변화시킨다. 카멜레온 피부는 빛을 반사하는 2개 층이 있다. 피부를 당기거나 느슨하게 하는 방식으로 바깥층에 있는 나노격자 구조를 바꿔 피부색을 변화시킨다. 격자구조가 변하면 특정파장 빛만 선택적으로 반사된다. 다양한 격자 구조가 동시에 변하니 다양한 색으로 순간순간 변하는 것이다(사진 1-3). CD 표면은 미세한 골이 파여 있다. 이 구조변화를 레이저가 읽는 것이다. 이 격자 구조도 각도에 따라 다양한 빛이 선택적으로 반사된다. CD 표면이 여러 가지 영롱한 색으로 보이는 이유다. 즉 CD 표면에 색소가 있는 게 아니라 격자 구조 변화에 따른 광간섭 현상 때문이다. 이런 색을 '구조색Structural Color'이라 부른다.

국내에서 별 이야기가 없는 걸 보니 그 상품이 인기를 얻지는 못했던 것 같다. 요즘 새로운 고분자 중에는 산성도나 온도 변화가 있으면 고분자 성질이 바뀌는 것이 있다. 여기에 카멜레온처럼 여러 색소를 섞어서 상태에 따라 색이 변할 수 있지 않을까?

그래서 뇌 신호를 받는 카멜레온처럼 마음먹은 대로 얼굴색을 바꾸는 것이다. 맘에 드는 짝 앞에서는 자신의 매력이 물씬 풍기는 색으로, 그리고 심부름을 자주 시키는 비호감형 상사에게는 칙칙한 색으로.

Chapter 2

피부 나이를 거꾸로 먹으려면?

: 노화와 텔로미어

노래 〈일곱 송이 수선화〉(양희은)는 이렇게 시작된다. '눈부신 아침 햇살에 산과 들 눈 뜰 때 그 맑은 시냇물 따라 내 맘도 흐르네…' 그리스 신화 속 미소년 나르시스가 물에 비친 제 모습에 반하여 물에 빠져 죽어 수선화라는 꽃이 되었다고 한다. 그래서 꽃 학명도 나르시스Narcissus다. 이름만큼이나 고운 이 꽃은 여러 해를 산다. 봄이 되면 노란색 봉우리를 활짝 피우고 여름, 가을은 뿌리를 내리고 겨울을 난다. 꽃으로서의 임무를 다하고 나면 동면에 들어가는 것이다. 신호물질(도르민)을 보내 둥근 뿌리 속에 양분을 저장한다. 긴 겨울을 나야 하는 뿌리 속에는 다양한 유용물질이 들어있다. 덕분에 수선화 뿌리는 약재로 쓰이기도

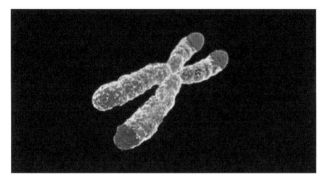

사진 1-5 텔로미어 모습

세포 DNA가 뭉쳐 있는 염색체(청색) 양 말단에는 텔로미어(적색)가 있다. 이 텔로미어는 몸의 세포 종류에 따라 다를 수 있다. 즉, 각 장기의 생물학적 나이를 텔로미어 길이로 판단할 수 있다

하며 항염, 항균, 항암 효과가 있다. 캐나다 연구진들은 수선화 뿌리에서 피부세포노화를 근본적으로 막는 물질을 찾아냈다. 연구진은 수선화가 동면에 들어가는 과정에 필이 꽂혔다. 어떻게 힘차게 성장하던 세포를 천천히 자라게 하고 동면 상태로 만들까. 그 과정을 사람에게 적용하면 어떻게 될까. 세포 성장을 촉진해야 피부가 좋아진다고 생각하는 것과는 반대의 경우다. 연구진은 왜 그런 생각을 했을까. 답은 세포는 정해진 기간만큼만 살기 때문이다. 천천히 살게 해야 늙지 않는다는 이야기다.

세포는 유통기한이 있다

사람 피부세포를 떼어내 실험실에서 키우면 얼마나 살까. 영양분을

충분히 공급하면 계속 살 것 같은데 아닐까? 아니다. 유통기한이 정해져 있다. 성인의 경우 20~30회 분열하면 더 이상 분열하지 않는다. 반면 어린아이 세포는 50회 정도 분열하면 멈춘다. 미국의 과학자 헤이필릭이 1961년 처음 발견해서 '헤이필릭 한계Hay Flick Limit'라고 부른다. 대장균, 효모, 곰팡이가 무한정 계속 자라는 것과는 대조적이다. 사람이 늙어 죽는 것도 결국은 세포 유통기한이 있기 때문이다.

즉 주어진 횟수만큼 분열하면 더 이상 분열하지 않고 그대로 늙어간다. 그런 상태에서 때가 되면 세포는 스스로 자살을 택한다. 조용히 내부 살림을 녹여버린다. 세월 앞에 장사 없는 이유는 세포가 이렇게

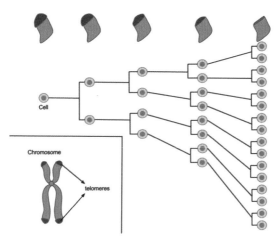

사진 1-6 텔로미어 길이와 나이

어린아이가 태어나면 세포가 분열을 거듭해서 몸이 성장한다. 하지만 20~30대에 들어서면서 몸이 완성되면 세포는 더 이상 자라지 않는 상태가 된다. 물론 몸의 일부(생식세포, 피부세포)는 계속 자란다. 세포가 분열을 거듭할수록 염색체(청색) 끝에 붙어 있는 텔로미어(적색)는 점점 길이가 짧아진다. 어느 정도가 되면 세포는 더 이상 분열을 하지 않는 상태가 된다

스스로 늙어가기 때문이다. 세포가 분열할 때마다 세포 속 '텔로미어 Telomere' 길이가 짧아진다. 텔로미어는 운동화 끈 끝에 달려있는 플라스틱 캡 같은 존재이다. 캡은 끈을 보호한다. 텔로미어는 염색체 양 끝에서 염색체를 보호한다. 염색체가 분열, 즉 세포가 분열할 때마다 짧아지고 어느 길이에 도달하면 더 이상 분열하지 못하고 그 상태로 늙다가 죽는다. 결국 세포의 나이가 텔로미어 길이와 반비례하는 셈이다. 캐나다 연구진이 아이디어를 하나 냈다. 텔로미어를 천천히 줄게 하면 세포는 오래 살 것 아닌가? 텔로미어를 짧게 만드는 부분(효소)을 방해하는 물질을 찾다가 눈을 돌린 곳이 수선화다. 수선화는 봄에 꽃을 화려하게 피우고 나면 겨울을 날 셈으로 신호물질을 보내 세포가 자라는 것을 늦춘다. 연구진은 수선화 뿌리 추출액이 주름방지 효과가 있는지 조사했다. 실험실 세포에서는 콜라겐이 늘어나고 대사 속도도 원하는 대로 낮춰졌다. 세포분열 속도도 낮아졌다. 무엇보다 대조군에 비해 무려 2배 가까이 텔로미어 길이가 늘어났다. 그만큼 더 젊어진 것이다. 실제 사람에게 적용한 결과도 놀랍다. 하루 두 번 수선화 추출물을 2주간 발랐더니 피부 탄력도가 8% 증가하고 피부 잡티가 10% 줄었다. 모두 피부 나이가 어려졌다는 사인이다.

사람이 늙는 이유는 두 가지다. 나이와 환경 탓이다. 피부도 마찬가지다. 자외선을 최대한 막고 보습제를 매일 바르는 것이 환경에 대응하는 방법이다. 그동안 모든 화장품은 여기에만 초점을 맞추었지만 이제 나이도 거꾸로 돌릴 수 있는 방안을 찾은 셈이다. 피부 나이 자체를 줄일 수 있는 과학적 연구가 빛을 보기 시작했다. 화장품이 진화하고 있다.

Chapter 3

피 한 방울로 만든 3D 얼굴

: 바이오 빅데이터

김동인 단편소설 「발가락이 닮았다」는 인간의 욕망과 갈등을 생생히 그려냈다. 자신이 생식 능력이 '거의' 없다는 것을 잘 아는 노총각이 결혼했다. 그런데 아이가 생겼다. 아내의 불륜이 의심된다. 힘들게 한 결혼을 파기할 수도 없고, 그렇다고 자신의 신체적 결함을 공개할 수도 없는 상황이다. 남자는 절실히 해답을 찾았고 드디어 묘안을 얻어 의사인 친구를 만난다. 남자는 '아이 가운데 발가락이 조금 긴 것이 자기를 닮았다'고 친구에게 이야기한다. 그러자 그의 몸 상태를 이미 알고 있는 의사 친구가 말을 거든다. '발가락뿐만 아니라 얼굴도 닮은 데가 있네'. 자기 씨앗임을 확인하고픈 아버지의 안타까운 모습이 두고두고 기억에 남는 소설이다. 현실에서도 아이는 아버지의 거울이다. 아버지와 아들을 서로 닮은 '찐빵'이라고 이야기해 주면 대부분의 아버지는 입이 함박만 해진다. 아들이 '찐빵'인가를 판단하는 기준은 얼굴 모습, 특히 상하좌우 비율, 미간 길이, 광대뼈, 코 돌출 여부 등 신체적 특징과 피부색이다. 이런 얼굴 모습은 유전자에 의해 결정된다. 유전자가 외모를 결정한다는 결정적인 증거는 일란성 쌍둥이이다. 일란성 쌍둥이는 자라면서 환경에 따라 성격이 달라지기도 하지만 외모는 크게 변하지 않는다. 그렇다면 피 한 방울 내 DNA로 이 사람이 어떤 얼굴인지 미리 예측이 가능하지 않을까?

DNA 빅데이터로 신체 특징을 예측한다

파리에서는 다양한 인종의 사람을 만날 수 있다. 백인과 흑인은 확연히 피부색이 다르다. 현재 인류 조상인 호모사피엔스는 25만 년 전 아프리카를 떠나 유럽, 아시아로 이주를 한다. 유럽은 일 년 내내 태양을 보기가 쉽지 않아 자외선을 걱정할 필요가 없었다. 당연히 유럽인 얼굴은 자외선 방어물질(멜라닌색소)을 만들지 않아 현재의 백색 피부가 되었다. 이처럼 흑인과 백인의 첫 번째 차이는 피부색이지만 외모도 다르다. 아프리카 흑인은 백인보다 광대뼈가 많이 튀어나오고 눈도 부리부리하다. 이것 또한 진화의 흔적이다. 얼굴 외형은 턱뼈와 관련 있다. 평생 무엇을 먹었는가에 따라 달라진다. 이처럼 인간은 사는 곳에 따라 종족이 다르고 외모도 다르다. 따라서 어떤 사람의 유전자를 조사하면 이 사람이 어디에 사는 사람인가도 알 수 있다. 외모도 예상할 수 있다. 펜실베이니아 대학에서는 3D 촬영을 통해 얼굴 모습을 데이터로 만들기 시작했다. 사람 얼굴 모습이 피부색과 함께 데이터로 저장된다. 여기에 유전자 정보를 매치시키면 어떤 유전자를 가진 사람의 외모를 컴퓨터로 그릴 수 있게 된다. 즉 목격자가 없어도 피 한 방울이면 범인 몽타주를 그릴 수 있게 되었다. 물론 지금도 피 한 방울이면 유전자 검사를 통해 범인이 누구인지 알 수 있다. 하지만 이것은 유전자 정보가 공개된 범법자나 가능하지 일반인은 알 수가 없다. 얼굴 3D 데이터와 유전자 정보로 인류 조상이 어떻게 생겼는지도 정확하게 그릴 수 있으며 미래의 아이가 어떤 얼굴인지까지도 정확하게 알 수 있다.

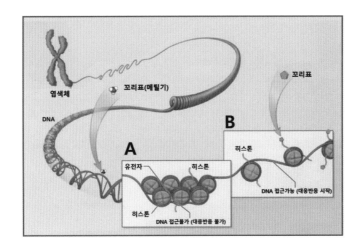

인간유전자 정보: (1)DNA (2) 꼬리표

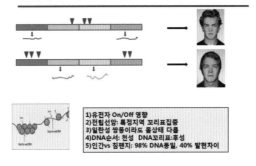

1)유전자 On/Off 영향
2)전립선암: 특정지역 꼬리표집중
3)일란성 쌍둥이라도 몸상태 다름
4)DNA순서: 천성 DNA꼬리표:후성
5)인간vs 침팬지: 98% DNA동일, 40% 발현차이

사진 1-7 유전자의 두 가지 정보(DNA와 꼬리표)

1) (상) 인체 염색체는 DNA가 뭉쳐 있고 단백질(히스톤)이 둘러싸고 있다. 꼬리표 달라붙는 여부에 따라 DNA가 노출되는 정도가 달라지고 이것이 DNA 작동 여부를 결정한다

2) (하) 일란성 쌍둥이는 DNA가 똑같다. 하지만 꼬리표(삼각표시)가 달라붙은 여부에 따라 그 DNA가 일을 하는가가 결정된다. 따라서 같은 일란성 쌍둥이라도 유전자DNA가 하는 일의 종류가 달라진다. 결국 쌍둥이도 외형, 몸 상태도 달라지게 된다.

요즘 양악수술이 인기이다. 선천적으로 얼굴이 기형인 경우만 시행하던 이 수술이 이제는 미용의 한 수단으로 바뀌었다. 튀어나온 광대뼈와 주걱턱이 맘에 안 드는 사람들, 특히 젊은 여성들은 2천만 원에 가까운 수술 비용과 부작용 우려에도 불구하고 수술을 감행한다. 하지만 단순히 미를 위해서만 뼈를 깎아야 하나? 미인의 기준은 무엇인가? 미인은 얼굴 상하좌우 비율에서 나오지 않고 개성에서 나온다. 성형으로 비슷한 외모를 가진 사람들이 많아지면 누구의 얼굴도 기억에 남지 않는다. 기억에 남지 않는 얼굴은 더 이상 얼굴로서 자격이 없는 것이 아닐까? 유명한 배우들의 얼굴을 보면 꼭 잘생겨서 유명해졌다기보다는 강한 인상을 남겨서인 경우가 많다. 링컨은 나이 마흔이면 얼굴에 책임을 지라고 했다. 수술에 의해서 얼굴이 만들어지는 것이 아니라 인생의 깊은 맛을 알아야 비로소 '제대로 된' 얼굴이 되는 것이 아닐까.

후성유전학 : 제2 바이오 정보

영국에서 살인사건이 일어났다. 현장에 달려간 경찰은 범인 것으로 추정되는 혈흔을 확보했다. 혈흔 속 DNA 정보와 일치하는 사람이 있어 즉각 집을 급습했다. 그런데 황당한 일이 생겼다. 범인은 일란성 쌍둥이였다. 일란성 쌍둥이는 DNA 순서가 완벽히 똑같다. 당황한 경찰이 지문을 조사했지만 흔치 않게 지문마저 일치했다. 두 사람을 모두 기소할 수는 없는 상황이 되었다. 구세주가 나타났다. 한 대학교수가 두 사람의 DNA가 다르다고 증거를 내밀었다. DNA 순서는 같아도 DNA 뼈대에 달라붙은 '꼬리표(메틸기)'가 다름을 밝혔다. 꼬리표는 살아온 환경에 따라 달리 붙는다. 꼬리표가 달리 붙으면 DNA 3차 구조가 변한다. 즉 DNA 패킹이 달라져서 같은 유전자라도 작동 여부가 달라진다. 유전자 작동이 되는가 안 되는가에 따라 그 사람 인체를 움직이는 단백질(호르몬. 효소 등)이 달리 만들어진다. 결국 같은 유전자라도 사람이 달라진다. 같은 일란성 쌍둥이라도 각자 다른 암에 걸리는 이유다. 이게 후성유전학 Epigenetics이며 제2 DNA 정보다.

DNA, 게놈, 단백질 용어 설명

DNA(알갱이 : 염기 : ATGC)가 모여서 유전자(Gene : 일을 하는 한 세트)가 된다. 유전자가 모여 있는 전체를 게놈 Genome이라 부른다. 인간의 게놈은 약 24,000개 유전자로 이루어져 있고 DNA 염기는 30억 개다. 유전자가 켜지면서 일을 하면 단백질(효소, 호르몬)이 만들어진다. 이 단백질은 세포를 일하게 만든다. 결국 사람 간의 차이를 만드는 건 단백질이고 유전자가 켜져서 단백질을 만드는가의 여부라고 할 수 있다.

Chapter 4

적인가 아군인가

: 피부미생물

외출 후에는 손을 잘 씻어야 한다고 매번 이야기해도 한 귀로 흘려버리는 아이들 때문에 엄마들은 걱정이 많다. 이런 아이들에게 직통인 방법이 있다. 비누로 씻을 때와 아닐 때를 달리해서 세균배양접시에 손도장을 찍게 하면 된다. 안 씻은 손을 찍은 배양접시에서 균들이 가득 자라는 걸 보고 아이들은 기겁을 한다. 반면 비누로 씻기만 해도 세균이 거의 없어지는 것을 보고는 두말 않고 비누로 손을 씻기 시작한다. 아이들에게는 이놈들은 없어져야 할 적들이다. 하지만 피부에는 외부에서 묻어온 병원균도 있지만 늘 살고 있는 '피부 상재균'이 있다. 문제는 피부에 살고 있는 이놈들이 적인가 아군인가에 대해 정보가 없었다는 점이다. 이게 구분이 되어야 여기에 대한 대책이 선다. 최근 연구 정보에 의하면 이놈들이 대단히 중요한 놈들이어서 잘 구슬려서 데리고 살아야 한다고 한다. 놈들의 정체가 궁금하다.

우리 피부에는 150종 이상의 수많은 미생물들이 살고 있다. 작다는 의미의 '미微생물'은 3천 마리를 한 줄로 세워도 머리카락 굵기가 안 된다. 이것을 배양접시에서 키워 모양을 보면 어떤 놈들이 사는지 알 수 있다. 최근에는 균을 키우는 대신 DNA를 추출하면 훨씬 더 정확하게 종류를 알 수 있다. 이놈들은 피부가 건성인지 지성인지에 따라 사는 놈들도 다르다. 이렇게 피부에 붙어사는 놈들보다 인체에 더 깊숙하게 들어와 있는 놈들이 있다. 바로 장내세균이다. 사람에게 오장육부의 장기가 있다고 하지만 아니다. 1㎏ 장기가 하나 더 있다고들 한다. 다름 아닌 인체에 살고 있는 장내미생물들이다. 대변의 60%가 장내미생물이다. '제6 장기'라고 할 만큼 이들 역할이 중요하다. 장내세균은 사람마다 종류가 다르다. 일종의 개인 지문인 셈이다. 이들은 건강 상태에 따라서 균 종류가 변한다. 아니 거꾸로다. 즉, 균 종류에 따라서 건강이 변한다. 설사를 일으키는 균이 득세해서 장내세균들을 휘어잡으면 그 사람은 화장실을 온종일 들락날락해야 한다.

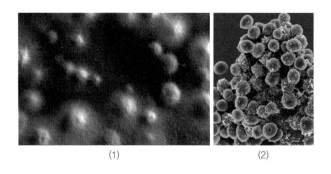

(1)   (2)

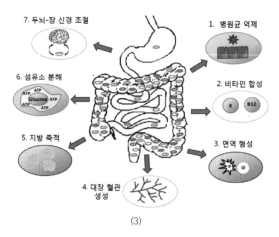

(3)

사진 1-8 인체 공생 세균

(1) **무좀균 현미경 모습** : 곰팡이도 인체에 공생하고 있다

(2) **대표적인 피부 상재균**S.epidermis : 피부에 상처 나면 감염시키는 균이다. 평상시에는 다른 외부 균이 피부에 자리 잡는 것을 막는다

(3) **장내미생물 역할**

    1. 외부 병원균 차단 2. 비타민 합성 3. 면역세포 훈련 4. 장내혈관 생성 5. 섬유소 축적
    6. 식이섬유 발효 7. 장-두뇌 신경 조절

장내세균은 면역력과 직결된다

　장내세균들은 우리 몸에 여러 가지 유익한 일을 한다. 우선 음식을 통해 들어온 외부 병원균들이 득세하지 못하게 좋은 균들이 억누른다. 음식 영양분들은 더 소화시켜서 공급한다. 무엇보다 장내세균들은 인체 면역과 밀접한 관계를 맺고 있다. 장에 붙어서 슬슬 '잽'을 날리면서 인체 면역세포들을 훈련시킨다. 인체 면역세포 70%가 장에 몰려 있다. 이렇게 어릴 때부터 잔매를 맞고 큰 아이들 면역세포는 웬만한 공격에는 끄떡도 하지 않는다. 반면 이런 경험이 없는 아이들은 꽃가루 같은 간단한 공격에도 기절초풍하듯이 놀라서 온몸에 전투태세 명령을 내린다. 이것이 알레르기가 생기는 원인이며 피부 아토피도 알레르기의 한 종류다. 피부에 있는 균들도 슬슬 피부면역세포를 건드리면서 '이건 잽이야, 놀라지 마'라고 훈련시킨다. 또한 어떤 놈은 젖산을 만들어서 피부박피를 촉진시켜서 피부세포를 계속 만들게 하고 보습 역할도 한다.

　유아 피부는 백지상태 캔버스다. 출생 후 24시간 후에 유아 피부 균을 조사해 보면 엄마 균이 대부분이다. 자연분만 유아는 엄마 장내 균이 유아 피부 균이 된다. 수술 분만인 경우는 엄마 피부 균이 유아 것이 된다. 피부에 자리를 잡은 균들은 서로 경쟁과 협력을 한다. 같은 균이라도 적이 되었다 아군이 되었다 한다. 피지가 많이 분비되는 피지샘에서 포식을 많이 해서 피부에 염증이 발생하면 적이 된다. 반면 젖산을 생산해서 보습도 하고 피부박리를 도와 피부가 잘 자라나도록 하면 아군이다. 항생제를 많이 먹은 사람은 장내세균 종류나 수가 적다. 장이 건강하게 활동하지 못하며 피부도 마찬가지이다. 무조건 비누로, 손 소독제로 피부 상재균을 박멸해서는 안 된다. 그들이 거기 있는 것은 나름대로 이유가 있다. 화장품 업계에서는 피부에 살고 있는 놈들이 화장품 내에서 자라서 화장품을 망치지 않는 방향으로만 신경을 써왔다. 이제는 이놈들이 하는 일을 잘 알고 건강한 피부를 만드는 데 이놈들 힘을 빌려야 한다. 이들은 셋방 사는 사람들과 같다. 잘 지내면 내 식구처럼 도움이 되지만, 틀어지면 불구대천 원수가 된다. 결국 주인 하기 나름인 것이다.

췌장암을 혀 속 미생물로 진단하기

피부 상재균을 비롯한 인체 미생물을 총칭하여 'Human Microbiome(마이크로비옴)'이라 부른다. '—ome'은 어떤 것의 모음을 말한다. 유전자^{Gene}를 다 모아 놓은 것을 게놈^{Genome}이라 부르는 것과 같다. 지금 세계는 유전자 정보 시대를 지나 이제 microbiome 시대로 가고 있다. 궁금한 게 있다. 인체는 이 미생물들이 필요한 것일까. 만약에 이것들이 없다면 무슨 일이 생길까. 쥐에게서 장내미생물을 없애면 이 쥐는 제대로 살지 못한다. 먹는 것에서 에너지를 제대로 뽑아내지 못하고 면역도 정상이 안 된다. 모든 생물체에는 붙어사는 미생물들이 있다. 인간의 경우 외부에 노출된 모든 곳, 즉 소화기와 피부, 구강에는 미생물이 공생하고 있다. 이놈들이 무슨 역할을 하는지가 microbiome 연구 대상이다.

재미있는 연구가 있다. 췌장암은 암 중에서 가장 사망률이 높다. 5년 내 생존율이 10% 미만이며 조기 진단이 어렵다. 중국 연구진이 췌장암에 걸린 사람들 혀 미생물이 정상인과 다름을 밝혀냈다. 왜 혀 미생물이 달라질까. 연구진은 아마도 면역체계가 변하면서 혀 조직에 다른 물질이 생기고 여기에 붙어사는 미생물이 달라진 것이라 추측한다. 이제는 혀 미생물 종류만 확인해도 췌장암인지를 조기 진단할 수 있을 것이다. 미생물이 어떤 종류인가를 아는 방법 중에 많이 쓰는 방법은 균 특정부분 DNA(16RNA)를 읽는 것이다.

Chapter 5

방부제 없는 화장품을 꿈꾸다

: 항균과학

아침에 세수를 하는데 세면대 한쪽 벽에 검은 점들이 보인다. 곰팡이다. 벽들 사이에 바른 흰색 실리콘이 검게 변했다. 얼마 전에 깨끗이 닦아내고 그것도 모자라 락스로 씻어낸 곳이다. 그새 또 자라는 것을 보니 부아도 나지만 그 질긴 생명력에 감탄한다. 말랑말랑한 실리콘 접착제에 아예 뿌리를 내리고 살림을 차린 모양이다. 이쯤이면 접착제를 모두 떼어낸다고 해도 곰팡이와의 전쟁에서 이길 수는 없는 듯하다. 곰팡이는 인류보다도 훨씬 오래전부터 지구상에 살고 있는 대단한 생존의 고수이기 때문이다. 그 증거는 세면대가 아니라 발가락에 있다. 아무리 좋다는 무좀약이 나와도, 그래서 맘먹고 모두 없앴다고 해도 매년 다시 생기는 무좀이 인류보다 고수라는 증거다. 무좀인 곰팡이뿐만이 아니라 같은 동료인 세균도 끈질기기는 마찬가지다. 세상은 이미 이런 미생물, 즉 너무 작아서 눈에 보이지도 않는 미물들이 뒤덮고 있다. 세면대뿐만 아니라 발가락, 입속, 대장 그리고 김치에도 있다. 그런데 요즘 화장품은 미생물 금지구역이라는 팻말이라도 세워 놓았는지 검은 곰팡이, 붉은색 세균의 흔적이 없다.

화장품은 물과 기름이 주성분이다. 두 개가 잘 섞여서 살갗에 기분 좋게 발리는 크림 형태가 된다. 피부에 자극이 적은 식물성기름, 예를 들면 올리브오일을 사용한다. 그런데 화장품은 곰팡이가 자라기에 최상의 조건을 갖추고 있다. 물도 적당히 있고 먹을 수 있는 올리브오일도 있다. 그렇다고 냉장고에 들어가 있는 것도 아니다. 아무것도 없는 세면대 벽에서도 습기와 실리콘 접착제만을 먹고 자라는 놈들이니 화장품 속은 더없는 천국이다. 게다가 손이나 얼굴에 찍어 바른다. 그러면 손과 얼굴에 묻어 있는 미생물들이 자연히 화장품에 묻게 된다. 묻었다고 별일 있으랴. 김치에도 있고 된장에도 있는 미생물이 화장 크림 속에 묻어 있은들 어떠랴. 하지만 이놈들이 오일을 먹고 자라면서 고약한 냄새를 내고 색깔도 변한다. 때로는 잘 만들어진 크림 형태가 깨져버려 쓰고 싶은 생각이 사라진다. 미생물은 화장품 '공공의 적'이다.

방부제는 불가피한 선택이다

상대편 곰팡이나 세균 등을 죽이기 위해 자기들 스스로 만들어 내놓는 것이 페니실린 같은 '항생제'이다. 또 화학적으로 만들거나 식물에서 추출한 것 등 다른 물질들을 통틀어서 '항균제'라고 한다. 식품, 화장품 등에 첨가해서 균이 못 자라게 하는 것을 '방부제'라 부르나 모두 역할은 비슷하다. 화장품에는 물론 이런 방부제를 첨가한다. 화장품은 약과 달리 멸균된 용기를 사용하는 것도 아니다. 냉장 보관하는 것도 아니고 게다가 매일 열고 닫는다. 손에 있는 세균이 화장품 속으로 들어간다. 방부제가 없다면 세균이 잘 자랄 수 있는 환경이다. 이런 어쩔 수 없는 상황에선 방부제는 불가피한 선택이다. 문제는 이런 방부물질들의 부작용, 즉 피부자극성이나 독성 여부이다. 아무나 쉽게 쓰는 화장품이니 부작용이 나타나기도 그만큼 쉽다. 약은 부작용을 최소로 허용하지만 화장품은 부작용 'ㅂ' 자만 보여도 회사가 문을 닫을 만큼 그 여파가 심각하다. 화장품 제조가 보기와 달리 만만치 않은 이유이기도 하다.

'방부제 없는 화장품'이 가능할까? 답은 '가능하지만 글쎄?'이다. 우선 제일 쉬운 방법은 화장품을 멸균 상태에서 만드는 것이다. 마치 약을 만들 듯이 모든 내용물을 고온에서 멸균하고 그것을 역시 멸균된 용기에 담고 마치 치약을 짜내듯 손이 전혀 닿지 않게 사용하는 방법이다. 기술적으로는 전혀 어렵지 않다. 문제는 가격이 오른다는 것이다. 다른 방법으로는 자극이 전혀 없는 방부제를 사용하는 것이다. 이건 기술적으로 좀 어렵다. 방부제는 어떤 형태로든 세포에 영향을 준다. 천연물질이라고 해서 자극성이 전혀 없는 것도 아니다. 독이 있는 식물들이 얼마나 많은가. 또 자극이 적은 물질을 찾아도 농도가 낮아서 효과가 없을 수 있다. 결국 과학적인 측면에서 만능에 가까운 물질은 없다. 지금 상태에서는 허용 가능한 가격 범위와 허용 가능한 자극 정도를 모두 고려해서 가장 적합한 방부제를 찾는 것이 현실적인 답안이다. 물론 소비자들에게는 이런 사실을 100% 알려서 선택할 여지를 주어야 한다. 요즘 소비자들은 까다롭고 야무지지만, 그들은 과학을 이해할 수 있기 때문이다.

항생제, 항균제 무엇이 다른가

항생제Antibiotic는 미생물이 만드는 물질이다. 페니실린이 대표적이다. 한 놈이 다른 한 놈을 죽이기 위해 만들어 내는 물질이다. 페니실린은 푸른곰팡이가 다른 박테리아를 죽이기 위해서 내뿜는다. 병원에서 쓰이고 있는 항생제는 대부분 미생물, 그것도 땅속 미생물들이 만들어 내고 있다. 땅속에 대부분의 미생물이 살고 있기 때문이다. 땅 1g 속에는 약 백만 내지 1억 마리가 있다. 이놈들 사이에는 영역 다툼이 심한데 항생제를 내뿜으면서 자기 영역을 지킨다. 항생제는 비싸다. 땅속 미생물 중에서 항생제를 많이 만드는 놈을 선발해서 배양탱크에서 며칠 키운다. 이후 배양액에서 항생제만을 골라내는 비용이 만만치 않다. 항생제는 특정 균을 대상으로 하며 모든 균을 죽이는 건 없다. 이런 항생제를 많이 자주 사용하면 병원균에 내성이 생긴다. 이런 걸 화장품에 사용할 수는 없다. 화장품에는 어떤 균이 자랄지 모르기에 광범위한 균을 자라지 못하게 하는 방법이 필요하다.

항균제는 균을 자라지 못하게 하는 물질이다. 따라서 항생제도 포함된다. 항생제를 제외한 항균제만을 이야기하자. 알코올이 대표적이다. 70% 알코올로 피부를 미리 닦아내서 주사 맞을 때 피부균이 몸속으로 들어가지 않게 한다. 알코올 이외에 다양한 항균제가 있다. 어떤 물질이 어떻게 균을 자라지 못하게 할까. 항생제는 특정 부분을 막는다. 예를 들면 페니실린은 세포벽을 만들지 못하게 한다. 반면 광범위 항균제는 물리적으로 작용한다. 즉 세포막을 터트리거나 자외선처럼 DNA를 파괴시킨다. 비누도 항균 작용을 한다. 비누 성분이 미생물 세포막을 뚫고 들어가 터트리기 때문이다. 화장품에는 항균제가 필요하다. 화장품 성분이 미생물이 자라기 딱 좋은 환경이기 때문이다. 마치 가공식품에 방부제가 들어가는 것과 같다. 물론 적정량을 사용하면 먹어도 상관없는 정도다. 화장품 방부제도 마찬가지, 즉 피부에 해가 없는 성분, 독성이 없는 범위 내에서 사용되어야 한다. 그래도 미생물, 즉 살아 있는 놈을 죽이는 물질이 화장품에 들어가 있고 그걸 얼굴에 바른다고 하니 찜찜하다. 게다가 종종 방부제 성분이 발암요인이 된다는 보고도 있어서 께름칙하다. 방부제를 천연성분으로 바꾸는 방법이 없을까. 어떤 회사에서는 한약에 쓰이는 성분을 화장품 방부제로 적용하기도 한다.

여기에서 짚고 넘어가야 할 점이 있다. 만약 한약에서 특정 성분이 많이 들어간 방부제를 만들었다고 하자. 그건 안전할까. 아니다. 한약에서 나왔건 버섯에서 나왔건 어떤 형태로든 상태가 변했으면, 즉 농축되거나 일부만을 뽑아냈으면 그건 먹는 한약, 먹는 버섯과는 다른 상태가 된 것이다. 상태가 변하면 다시 독성검사를 해야 한다. 천연물이나 약초에서 나왔다고 모두 안전한 건 절대 아니다. 사용하는 농도, 대상에 따라 독성이 다르기 때문이다. 반대로 화학 합성한 물질이 모두 나쁘다고 생각하는 것도 잘못이다. 같은 비타민C라도 과일에서 추출한 것과 합성한 것은, 제대로 합성했다면 같은 물질이라고 볼 수 있다. 합성 비타민C가 천연보다 독하다는 건 잘못된 생각이다. 따라서 합성물질이라도 독성검사에서 이상이 없다면 천연물과 같이 사용할 수 있다.

최근 민간에서는 천연화장품을 만드는 것이 유행이다. 이 경우 항균제를 사용하지 않을 수 있다. 즉 항균제는 장기간 보존하는 경우에는 필수다. 만약 그때 만들어서 즉시 사용한다면 항균제, 즉 방부제는 필요하지 않다. 가장 바람직한 경우다. 집에서 화장품을 만드는 건 간단하다. 필요한 원료를 섞고 크림형태 혹은 로션형태로 믹스하면 된다. 장점은 바로 사용하니 보존제가 필요 없다는 점, 단점은 장기간 보관을 못한다는 점이다. 만들어서 냉장고에 놔둔다고 했을 때도 장담을 못 한다. 균은 냉장고에서도 자라기 때문이다. 다만 늦게 자랄 뿐이다.

결론은 이렇다. 항균제 없이 화장품 만들기 쉽지 않다. 1회용 화장품이 아니면 개봉 이후 균에 노출된다. 결국 항균기능을 하는 무언가가 들어가야 한다. 다만 그 항균제가 피부에 자극 없고 위험성이 없으면 된다. 그것이 천연물이건 화합물이건 안전성이 검증된다면 상관없다.

화장품 유통기한

우유에는 유통기한이 있다. 그 이후로는 판매가 금지된다. 화장품도 유통기한이 있어야 맞다. 하지만 식품처럼 강제규정은 없다. 화장품은 밀봉 당시 최대한 균이 자라지 못하도록 조치되어 있다. 방부제를 첨가한 경우도 있고 아예 멸균을 한 경우도 있다. 일단 개봉하면 이 사람 저 사람 손에 노출되면서 균과 접촉해 균이 자랄 확률이 있다. 제품에 따라 균이 자랄 확률이 다르다. 눈에 바르는 화장품은 6개월, 기초화장품은 12개월, 기타 메이크업 제품은 18개월이다. 식약처는 성분 중에 쉽게 변질되는 물질, 예를 들면 비타민C, 레티놀, 효소 등이 들어 있으면 유통기한을 표시하게 했다. 식품은 유통기한 이후에 사용하면 처벌받는다. 반면 화장품은 자율규약이다. 화장품에 균이 자란 상태로 사용된다면 위험하다. 특히 눈 같은 예민한 부위는 더욱 그러하다. 균은 억제하고 피부에는 문제가 없는 방부제가 가장 필요한 시점이다.

항균, 항생기능 검사 방법

플라스틱 접시에 배양액을 젤리 형태로 만들고 그 위에 대상 균을 넓게 배양한다. 이때 종이 디스크에 항균, 항생물질을 종류별로 물에 녹여 올려놓는다. 시간이 지나면 사진처럼 노란색(균에 따라 다르다) 균이 자란다. 종이에 묻어 있는 물질이 스며 나온다. 항균성이 있으면 균이 자라지 못하고 그 부분이 투명하게 보인다 (사진 1-9).

사진 1-9 **항균기능 검사하는 배양접시**

방부기능이 있는 식물, 금송화

금송화 성분 중에는 방부기능, 즉 미생물을 자라지 못하게 하는 항균기능이 있다. 천연물 속 성분은 항생제라 하지 않는다. 금송화에서 방부물질을 추출해서 화장품에 첨가할 수 있다. 추출은 뜨거운 물, 에탄올로 한다. 이걸 건조시키면 걸쭉한 추출물이 나온다. 대부분 천연추출물에는 식물 속 당 성분이 많아서 걸

사진 1-10 **금송화**

쭉하다. 한 단계 더 가공할 수도 있다. 이런 추출물이 100% 안전한 건 아니다. 더구나 식용으로 사용하지 않는 원료는 확실히 안전성을 검사해야 한다.

Chapter 6

인간 닮은 미백화장품을 만들다
: 피부진화

'동굴에서 곰과 호랑이에게 100일간 쑥과 마늘을 주면 무엇이 태어나지요?' 주부들은 '웅녀가 아닌가?' 하며 너무 쉬운 문제에 의아해한다. '답은 미백화장품입니다' 주부 대상 화장품 강의에서 사용했던 난센스 퀴즈다. 햇빛을 못 보는 상황에서 항산화 성분이 풍부한 쑥과 마늘을 먹으니 얼굴이 검던 곰이 하얀 피부가 되었다는 우스갯소리다. 하지만 실제로 100일간 동굴에서 마늘만 먹으면 당연히 흰 얼굴이, 아니 눈부시게 하얀 얼굴이 된다. 그만큼 햇빛은 피부색을 검게 변화시키는 가장 강력한 원인이다.

20만 년 전, 아프리카에 살던 현생 인류의 조상인 호모사피엔스가 세계 각국으로 이주를 했다. 당시 아프리카에 살던 조상은 지금처럼 흑인이었다. 이는 강렬한 태양 아래서 피부 DNA를 보호해서 살아남는 방법이 검은색 피부였기 때문이다. 하지만 유럽으로 이주한 흑인들에게는 더 이상 검은 피부가 도움이 되지 않았다. 태양이 강하지도 않고 일년에 해가 쨍한 날이 손에 꼽을 정도였기 때문이다. 당연히 피부는 검정 멜라닌을 만들지 않아도 되었다. 결국 아프리카를 떠나 유럽으로 이주한 조상들은 약한 태양 덕에 흰 피부가 되었다.

반면 남아 있는 흑인들은 그대로 검은 피부이고 아시아로 이주한 호모사피엔스는 중간인 갈색이 되었다. 장기간에 걸친 진화의 결과가 세계인의 피부색을 달리 만들었다. 피부색은 이런 의미에서 자연적인데 검은 피부가 자연에서 살아남기에는 더욱 유리하다.

하지만 피부색은 사람들에게, 특히 흑인에게 많은 상처를 남겼다. 흑

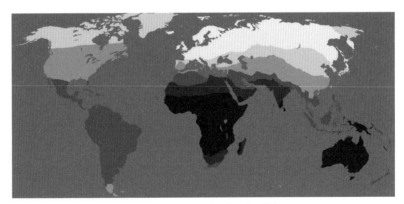

사진 1-11 **고도에 따른 피부색소 형성**
햇볕이 강한 지역에 사는 인종이 검은 피부색을 가진다. 자외선 강약 차이가 인류 피부색의 차이를 만들었다는 반증이다

백 갈등의 원인은 단순히 피부색만이 아니다. 산업혁명으로 먹고살기가 좋아진 유럽 사람이 아프리카 흑인들을 노예로 들여오면서 문제가 시작되었다. 검은색 피부가 멸시와 천대를 받는 원인이 된 것이다. 오랜 시간 동안 계속되던 이 비틀림 현상은 흰 피부를 동경하는 방향으로 선회했다. 한#민족이 백의민족이라서 흰 피부를 좋아하는지, 아니면 잘 살던 유럽인이 흰 얼굴이어서 하얀 피부를 선망하는지는 분명치 않다. 중국 미인의 기준은 '흑안세요부黑顔細腰雪膚', 즉 검은 눈, 가는 허리, 눈같이 흰 피부이다. 15세기 유럽에 흑인 노예가 들어왔으니 이보다 훨씬 전부터 중국인들은 '미인은 백색 피부'라고 했다. 흰 피부를 가지고 싶어 하는 마음은 미백화장품을 여인들 쇼핑리스트 맨 위에 올려놓았다. 그런데 미백화장품 원리는 간단하다.

미백화장품은 멜라닌색소 형성을 억제한다

멜라닌색소가 만들어지고 피부에 퍼지는 과정을 막으면 된다. 지금껏 가장 많이 연구된 부분은 색소를 만드는 일꾼인 '타이로시네이즈 효소'를 멈추게 하는 방법이다. 버섯에서 쉽게 구할 수 있는 이 효소를 사용해서 어떤 소재가 멜라닌 생성을 방해하는지 간단히 실험해 보면 된다. 이렇게 쉬운 실험 덕분에 이 방법이 대표적인 미백소재 선발 방법이 되었다. 하지만 이것보다 훨씬 많은 종류의 미백제가 개발되고 있다. 필자의 연구실에서도 미백소재를 찾는다. 그런데 미백소재를 찾을 때 가장 고려해야 할 점은 새로운 소재가 몸에 나쁜 영향을 줄지도 모른다는 점이다. 또한 실험실에서의 효과가 실제 사용했을 때 잘 적용되지 않을 수도 있다는 문제도 있다. 좀 더 안전한, 그러면서도 효과적인 방법은 없을까?

요즘 자연 기술을 그대로 모방하는 연구가 한참이다. 무엇을 모방하면 백인과 가까운 피부가 될 수 있을까? 등잔 밑이 늘 어둡다. 답은 백인이다. 백인은 지금까지 큰 문제 없이 잘 지내왔다. 백인의 흰 피부를 타깃으로 하는 미백제가 안전하고 효과적인 게 아닐까? 어떤 부작용이

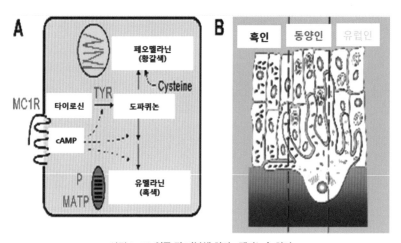

사진 1-12 **인종 간 피부색 차이 : 멜라노솜 차이**

(A) **멜라닌이 만들어지는 신호경로** : 자외선이 각질세포에 닿으면 멜라닌 자극 호르몬MSH이 수용체 MC1R에 달라붙는다. 여기서 발생한 신호에 따라 타이로신으로부터 유멜라닌, 페오멜라닌이 만들어진다

(B) **인종별 피부색 차이** : 아프리카 흑인은 검은색 유멜라닌이 많게, 유럽인은 갈색 페오멜라닌이 적게 만들어진다

생길지 모르는 처음 써보는 소재보다는 적어도 확실한 증거, 즉 백인이 있다. 그런데 백인과 흑인 피부색 차이는 무엇일까? 멜라닌 만드는 세포 수가 다른 것도 아니다. 차이는 '멜라노솜'이라는 색소공장 주머니이다. 즉 백인은 작은 주머니에, 갈색 계열의 멜라닌이 차 있고 널리 퍼지지 않는다. 그래서 백인은 얼굴이 희고 모발도 금발이 많다. 즉, 유럽으로 옮겨간 아프리카 선조들이 햇빛이 적은 그 지역에 적합하도록 진화한 까닭이다. 수십만 년간 진행된 인류 피부색 진화의 비밀을 풀어서 가장 인간적이고 자연적인 미백화장품을 만들 수 있지 않을까 기대한다.

Chapter 7

화장하는 뇌를 들여다보다
: 뉴로 사이언스

의대 신입생들이 제일 두려워하는, 그래도 가장 해보고 싶은 수업은 시체 해부다. 시신에 대한 묵념이 끝나고 하얀 천을 벗겨내면 거기 해부용 시신이 있다. 해부를 시작하라는 교수 말에도 그들은 머뭇거린다. 이때 옆에 있던 선배 조교가 쓱 나서면서 해부용 칼로 얼굴 피부를 착착 벗겨낸다. 그제야 신입생들이 하나둘 앞으로 다가선다. 그들을 머뭇거리게 한 것은 누워 있는 시신이 교육용 물체라기보다는 '누구'라는 생각 때문이다. 옆집 아저씨이기도 하고 어제 슈퍼에서 보았던 할아버지 같기도 해서이다. 하지만 얼굴 피부가 없어지자 그 '누구'가 사라졌다. 이처럼 얼굴 피부는 바로 '그 사람'이다. 우리는 얼굴을 보고 그가 아랫

사진 1-13 **화장하는 여인**(헨리 드 툴루즈, 1864~1901)

집 남자인지, 오랜 친구인지 안다. 반대로 누군가 나를 알아볼 때도 내 얼굴을 보고 인사를 한다. 또 소개팅을 할 때도 첫인상이 중요하다면서 어떤 얼굴 모습이어야 상대방 마음에 점을 '꽉' 찍어놓을까 고민한다. 그래서 얼굴은 소통의 창이다. 즉 얼굴은 '걸어 다니는 광고판'이다.

광고판에 무슨 그림을 그려 넣을까 수시로 고민을 한다. 이 점에선 남녀노소가 다르지 않다. 가능하면 멋있게 이왕이면 어리게 보이고 싶다. 그래서 늘 거울을 보면서 아이라인을 확인하고 마스카라를 손본다. 같은 얼굴이라도 눈 부분이 짙어 보이면 좀 더 여성적이고 도발적으로 보인다며 마스카라에, 아이라인에 수시로 손이 가기도 한다. 그런데 흰 도화지에 그림을 그리듯 화장하는 사람은 무슨 생각을 하고 있는 것일까?

화장을 하는 여자들의 뇌에는 어떤 변화가 있을까? 실제로 일본 가네보 연구팀은 뇌과학자와 공동연구를 통해 화장하는 사람 뇌를 '기능성 MRI^{fMRI}'로 실시간 모니터링했다. 그 결과 세 가지 사실을 확인했다. 첫

째로 다른 사람을 쳐다볼 때 반응하는 뇌 부위가 화장할 때도 같이 활성화되었다. 즉 화장을 시작하려고 거울을 보는 순간, 거기에 있는 '또 다른 나'를 '타인처럼' 바라본다는 것이다. 마치 '거기 서 있는 당신은 누구세요'라고 묻듯이 멀리에서 나를 바라보는 것이 화장할 때의 심리이다. 화장은 내가 바깥 사람들과 소통하는 것과 같은 기분을 준다. 둘째, 화장을 한 사람은 다른 사람을 쉽고 친근하게 대한다. 화장은 소통에 자신감을 준다는 해석이다. 셋째, 화장은 만족 호르몬인 도파민을 분비한다. 립스틱을 입술에 바르면서 나는 나를 '김태희'로 보기 시작한다. 처음 립스틱을 바르는 순간 여자는 최고의 희열을 느낀다.

화장할 때 행복 호르몬이 분비된다

뇌에서는 도파민이 분비된다. 도파민은 행복할 때 뇌에서 분비되는 호르몬이다. 또한 마약, 술, 도박을 하거나 담배를 피울 때도 행복 호르몬인 도파민이 철철 넘친다. 최근에는 초콜릿을 먹을 때에도 도파민이 나온다는 연구가 있어서 밸런타인데이에 연인에게 주는 선물의 대명사가 되었다. 조지아 건강대학원 연구에 의하면 초콜릿을 먹는 것뿐만 아니라 먹는 것을 상상하는 것만으로도 도파민이 생성된다. 화장하는 여자도 뇌에서 같은 일이 일어난다. 화장대 거울 앞에 '흰 도화지 상태'의 내가 있다. 립스틱을 들고 김태희로 변할 나를 상상하는 것만으로 나의

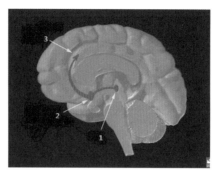

사진 1-14 뇌의 중독회로

복측피개영역(1)–중격측좌핵(2)을 연결하는 쾌락회로에는 도파민이 흐르고 전전두엽(3)과 연결되어
있다

　뇌는 마약을 맞은 것처럼 이미 뿅 간 상태가 된다. 시작도 하기 전에 이
미 김태희가 되었다면 화장을 마친 나는 벌써 백설공주가 되어 있는 것
이다.

　화장을 하고 나온 여자와 데이트를 하는 남자는 따라서 백설공주를
깨우는 왕자와도 같다. 동화처럼 키스만 해주면 된다. 하지만 키스를
했다간 뺨을 맞겠다는 판단이 들면 놀이공원에 가서 롤러코스터를 타
자. 공포심도 도파민을 방출한다. 무서워서 가슴이 두근거리는 것을 상
대방이 좋아서 설레는 것으로 착각하게 해준다. 롤러코스터에서 내려
오면 자연스레 손을 잡고 가게 된다. 사랑의 기술에도 가끔 과학의 마
술이 필요한 이유다. 과학적인 의미에서 화장은 중독되지 않는 마약이
다. 마음껏 자주 즐겨야 한다.

쾌락회로 Pleasure Center

동물 뇌에는 '쾌락회로'가 있다. 쥐의 그곳에 전극을 꼽고 쥐에게 전극 스위치를 주면 시간당 700번씩 먹지도 않고 하루 종일 그곳만 누른다. 1954년 캐나다 맥길 대학에서 발견한 두뇌의 이 '쾌락회로Pleasure Center'가 '중독회로'다. 이곳은 인간의 진화를 위한 중요한 부위다. 종족 번식을 위해서는 짝짓기가 즐거워야 한다. 섹스가 쾌락으로 발전한 이유다. 이 쾌락회로는 도파민에 의해서 돌아간다. 즉 섹스의 물리적 행위가 두뇌에 전기신호로 전달되면 그 신호를 받은 뇌 '측좌핵' 부분이 도파민을 만든다. 이 도파민이 인간을 황홀하게 만든다. 따라서 섹스는 몸이 하는 게 아니라 두뇌가 하는 셈이다.

이 회로를 움직이는 물질들을 인간이 찾아내고 만들어 냈다. 담배와 마약이다. 쉽게 접해서 금방 쾌락이 오면 그게 중독의 시작이다. 도파민은 사람을 행복하게 만든다. 몇 년 동안 고생해서 만든 작품이 완성되는 순간에도 도파민은 나온다. 화장이 중독을 일으킬까. 어떤 행위가 중독인지 아닌지 여부는 다음 세 가지 방법으로 판단한다. 쉽게 끊을 수 있는가, 끊었을 때 금단증상이 나타나는가, 같은 쾌감을 얻기 위해 양을 늘려야 하는가이다. 화장은 어떤 경우에도 해당되지 않는다. 화장은 중독되지 않고 사람을 행복하게 만드는 묘약인 셈이다.

Chapter 8

화장하는 남자,
그루밍족

: 성 호르몬

학교 복도에 한 남학생이 지나가는데 향수 냄새가 진하게 풍긴다. 이건 면도 후의 간단한 스킨 정도가 아닌 아주 진한 향수이다. 어떤 녀석인가 고개를 돌렸더니 '아뿔싸' 얼굴도 화장을 했는지 연극배우 분장에 가깝다. 게다가 패션도 남자인지 여자인지 구분이 안 갈 정도로 화려하다. '아, 드디어 '그루밍족'을 공과대학에서도 만나는구나' 감탄이 앞선다. 군복 상의를 검게 물들여서 입고 다니는 것이 대학생 특권이자 상징이었던 시대가 1980년 무렵이다. 게다가 공과대학 경우는 계속되는 밤샘 실험으로 노숙자 패션으로 강의실에 들어오는 것이 당연했던 것이 1980년대 모습이었다. 이런 향수에 젖은 7080세대에게 외모와 패션

사진 1-15 **성선택설 : 공작새**

수컷 공작새는 화려한 깃털로 암컷을 유혹한다. 화려한 깃털이 살아남기에는 별로 도움이 안 되지만 암컷에게 선택되어야 후손에게 자기 DNA를 전달할 수 있다

에 투자를 하는 '그루밍Grooming족'이 낯설다. 하지만 20대들에게는 이런 7080세대가 오히려 '고리타분'하다. 그리고 이제 남자가 화장해야 하는 시대가 왔음을 당당히 알린다. 실제로 국내 남성 화장품 시장은 1.4조 원으로 급성장 중이다.

동물의 세계에서는 수컷이 화려하다. 화려한 깃털을 가진 수컷 공작에 비해 암컷은 논에 있는 종달새처럼 수수하다. 수꿩인 장끼의 울긋불긋한 깃털은 사냥꾼 모자에 늘 꽂혀 있을 만큼 아름답다. 하지만 암꿩인 까투리는 밋밋한 패션으로 장에 나온 시골 아낙네 모습이다. 동물 수컷은 화려해야 암컷의 눈을 끌 수 있다. '님을 봐야 뽕을 딴다'고 상대방 눈을 끄는 데에 할 수 있는 모든 노력을 한다. 그다음에는 춤과 같이 암컷의 환심을 살만한 행동을 한다. 암컷 맘에 들어야만 짝짓기를 통해서 자손을 퍼트릴 수 있기 때문이다. 임신할 수 있는 능력을 가진 암컷이 칼자루를 쥐고 있으니 당연히 수컷이 화려하게 화장해서 잘 보여야 한다. 그런데 인간은 왜 거꾸로 여자들이 화장하는 것일까? 여성들만이 임신하는 것은 분명한데 지금 남자들은 무슨 배짱으로 여성을 선택해서 씨를 퍼트릴 수 있다고 자신하는 것일까?

인간들이 사냥을 해서 먹고살던 시절에는 남자들이 밖으로만 돌아다녔다. 하지만 농경 시대에 접어들면서 한곳에 정착해 살기 시작했다. 농사를 짓게 되면서 남자들이 힘을 쓰기 시작했다. 여성들은 남성에게 의존할 수밖에 없는 상황이 되면서 남성 위주의 문화가 형성되었다. 경제권을 쥔 남자들에게 선택을 받아야 하는 여성들이 화장을 시작했다는 것이 문화학자들 생각이다.

남성 화장 시대가 다가온다

하지만 이제 슬슬 세상이 바뀌고 있다. 전투기 조종사 같은 남자들만의 세계였던 곳에도 여자들이 들어서기 시작했다. 생물학적으로도 여성의 두뇌가 먼저 발달한다. 게다가 남자아이들은 게임, 놀이에 빠져 노는 사이에 죽어라고 공부한 여자들이 학교 성적 1, 2등을 모두 차지한다. 술 먹고 군대 다녀오는 사이에 여자 대학생들이 시험이란 시험은 모두 휩쓴다. 안정적인 직장인 공무원, 교사는 모두 여성들이 우세하다. 하다못해 골프에서도 한국 여자골퍼들이 세계를 주름잡고 있다. 경제권을 가진 여성들이 늘면서 이제 남성들은 사면초가이다. 동물의 세계에서 가장 중요한 경쟁력은 자식을 낳을 수 있는 능력이다. 자식을 낳을 수 있는 여성들이 경제권마저 획득한다면 남성들은 할 수 있는 것이 없다. 남성이 자식을 나을 수 있는 정자를 제공할 수 있다고? 하지만 그것은 이미 꿈이다. 여성들은 정말로 자식이 필요하면, 결혼하지 않고도 '정자은행'을 통해서라도 자식을 가질 수 있다. 말썽만 피우는 남성들은 귀찮은 존재가 되어버린 것이다. 정말 여성 시대가 도래한 것일까? 남성이 화장을 해서라도 여성의 선택을 받아야 하는 시대가 된 것일까?

이것저것 곰곰이 생각해 보면 화장을 하고 외모에 신경을 쓰던 그루밍족 남학생이 선견지명이 있다. 인간만이 유일하게 여성이 화장을 했던 동물이었다면 이제는 남성도 다른 동물처럼 화려하게 치장을 하는 '정상적인 동물'의 세계 일원이 된다는 것을 그 남학생이 미리 점치고 있었기 때문이다.

하지만 이런 생물학적, 문화적 이유를 모두 이해한다 해도 나는 아직도 그루밍족이 낯설다. 진한 향수, 모델 같은 패션 그리고 백옥 같은 얼굴의 그루밍족에 고개를 돌린다. 반대로 밤잠 못 자서 부석부석한 얼굴이지만 힘들여 얻은 실험데이터에 '싱긋' 미소 짓는 '투박한 남자'가 좋다. 나는 역시 '7080 고리타분형'인가 보다.

남성 전용 화장품이 필요할까

이 질문보다 먼저 나올 질문은 남성 피부가 여성과 다른가이다. 다르다. 남성은 남성 호르몬(안드로겐)이 높아서 피부가 25% 더 두껍고 거칠다. 사춘기를 지나면서 차이는 극대화된다. 피부 콜라겐은 초반에는 남성이 많다. 30세 이후 남녀 모두 매년 1%씩 콜라겐이 줄어든다. 여성이 폐경 이후로 콜라겐 분해 속도는 급증하고 이후 콜라겐 감소 비율은 2% 정도를 유지한다. 남성은 호르몬 차이로 수염이 자라게 된다. 또한 2배 많이 땀을 흘리게 되며 땀 속에 젖산^{latic acid}이 많이 함유되어 있다. 젖산은 보습기능이 있어서 남성이 여성보다 피부 수분이 많은 편이다. 이런 이유로 남성의 피부가 건강 면에서 유리하다 할 수 있다. 하지만 피지선이 더 발달되어 피지선 관련 문제인 여드름이 더 많이 생긴다. 이런 생리학적 차이에 기반을 둔 남성 전용 화장품이 개발 중이다.

다윈 성선택설

어떤 종이 살아남고 진화할까. 적자생존適者生存이 중심학설이다. 하지만 더 정확하게 구분하면 성선택性選擇이 더 중요하다. 즉 진화가 되려면 먼저 돌연변이가 발생해야 한다. 또한 그 돌연변이종이 환경에 더 적합해야 한다. 더 중요한 게 있다. 그런 돌연변이종이 후세에 전달되어야 한다. 즉 돌연변이 수컷, 암컷이 상대방에게 선택되어야 한다. 새끼를 낳는 것이 암컷이므로 암컷이 돌연변이 유전자를 가졌다면 어떤 수컷이든 돌연변이 유전자가 후세에 전달될 확률은 최소 50%이다. 반면 수컷에게 생긴 돌연변이는 암컷을 만나야 전달된다. 결국 이것이 새끼를 낳는 암컷이 열쇠를 쥐고 수컷을 선택하는 이유이고 수컷이 치장해야 하는 이유이기도 하다.

PART

II

피부, 바이오로 변신하다

Chapter 1

삭힌 홍어를
피부에 바른다면?

: 발효화장품

발효화장품이 상한가이다. 하지만 발효가 그리 녹록지 않음을 알려준 사건이 있었다. 교대역 사거리에 있는 K한정식 집은 저녁에는 빈 방이 별로 없다. 그렇다고 음식이 특별하진 않고 저렴한 가격으로 그나마 손님이 유지되는 것 같은 보통 한식집이었다. 하지만 이 집 음식에 대한 저평가를 한 번에 뒤집는 사건이 있었다. 그날따라 여주인이 튀김 한 접시를 직접 들고 왔다. '원샷' 하라는 주인장 익살에 일행 중 한 사람이 튀김을 입에 가벼이 넣었다. 다음 순간, 뜨거운 감자를 입에 문 사람처럼 뱉지도, 먹지도 못하고 숨만 헉헉거리는 안타까운 모습이 되었다. 그 광경에 '멍'하고 있는 사이, 남자의 승부욕을 부추기는 듯, 여주인의

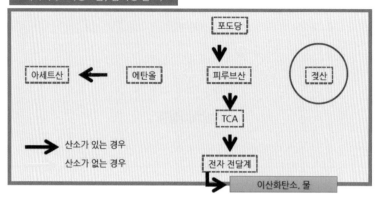

에너지 (호기성호흡, 혐기성 발효)

포도당

아세트산 ← 에탄올 피루브산 젖산

TCA

산소가 있는 경우
산소가 없는 경우

전자 전달계

이산화탄소, 물

사진 2-1 **호기성호흡과 혐기성 발효**
산소가 있으면 포도당이 이산화탄소, 물이 되는 호기성 단계가 된다. 하지만 산소가 없는 상황에서
는 젖산(요구르트), 에탄올(동동주)이 만들어지는 혐기성 발효가 된다. 포도주를 놔두면 시어진다. 이는
포도주에 미생물이 들어가서 산소와 함께 에탄올을 식초(아세트산)로 만들기 때문이다

날렵한 손이 문제의 튀김과 함께 나에게로 왔다. 생선전 정도 크기이지
만 무엇이 안에 있는지는 모르는 튀김을 입에 덥석 물었다. 뜨거웠다.
동시에 전기처럼 코를 찌르는 암모니아 냄새로 숨을 쉴 수가 없었다.
혀에는 뜨거운 철판이 달라붙고, 코에는 고춧가루가 날리듯, 정신이 아
득했다. 하지만 호기심 어린 일행들 눈앞에서 차마 뱉지는 못하고 숨만
겨우겨우 내몰았다. 튀김은 삭힌 홍어였다. 돼지고기, 쉰 김치와 함께
먹는 삼합 메인요리다.

하지만 밀가루 튀김으로 겉모습을 감추고 뜨거움마저 그 속에 숨겨
놓았다. 멋모르고 삼킨 사람들은 삭힌 홍어에서 뿜어져 나오는 뜨거운
암모니아의 호된 맛을 평생 잊지 못할 것이다.

삭힌 홍어에 대한 사람들 반응은 둘 중 하나다. 삼키거나 뱉거나이다. 내장을 떼어낸 홍어를 한 달 정도 서늘한 독 안에 묻어 두면 홍어가 삭는다. 이른바 발효가 된다. 어떤 식품이 발효식품인가 아닌가는 생성된 성분이 이로운가 해로운가에 달려 있다. 못 먹을 정도로 고약하다면 심정적으로는 부패된 음식처럼 느껴진다. 삭힌 홍어를 뱉어낸 사람에게 그 홍어는 발효제품이 아닌 부패식품이다. 그런데 발효인가 부패인가를 결정하는 것은 어떤 재료인가 어떤 미생물이 관여하는가이다. 김치는 배추를 원료로 사용한다. 함께 버무린 젓갈 속 유산균이 김치 국물 속 시원한 젖산을 만든다. 또한 메주를 매단 지푸라기에 있던 균이 콩 단백질을 잘게 부수어서 된장을 만든다. 김치나 된장은 몸에 좋은 것들이기에 우리는 이를 발효식품이라 부른다.

모든 발효가 안전한 건 아니다

같은 메주라 해도 만드는(담그는) 방법에 따라 메주 표면에 푸른곰팡이가 끼기도 한다. 이것은 독소이기 때문에 떼어내지 않으면 안 된다. 이처럼 발효식품은 전통적으로 해왔던 방법이 아니라면 다시 검증을 해야 한다. 발효화장품 연구도 마찬가지이다. 즉, 새로운 방법으로 만든 발효화장품 소재라면 그 방법과 안전성, 효능을 다시 검증해야 한다. 발효가 몸에 좋다고 하니 발효물질에서 새로운 소재를 찾아서 기능성 식품, 기능성 화장품을 만들려는 연구가 곳곳에서 열풍이다. 화장품을 만들기 위해서는 작은 분자일수록 피부침투가 더 쉬워진다. 발효 미생물 분해효소에 의해 잘게 부서진 원재료는 분자량 크기가 작은 물질로 변한다. 덕분에 피부 흡수율이 늘어난다. 통상 분자량 500달톤 이하면 피부를 잘 통과한다.

발효는 이미 있던 물질에서 새로운 물질을 만든다. 쌀에는 없던 알코올이 누룩 발효에서 생긴다. 발효를 통해 새로운 화장품 소재를 만들 수도 있지만 아직은 조심스럽다. 발효식품이라면 일단 안전하다. 우리가 늘 먹어왔던 발효제품은 건강에는 좋은 것으로 이미 오랜 기간 검증된 셈이다. 대부분 안전하다고 판명되었지만 그건 음식으로 먹었을 때의 이야기다. 이 성분들이 직접 피부에 침투하면 어떤 반응을 보일지는 반드시 검증되어야 한다. 교대사거리 한정식 집 삭힌 홍어튀김은 그냥 꾹 참고 삼키면 되는 발효식품이다. 하지만 이 홍어 삭힌 것을 피부에 그냥 바르면 무슨 일이 생길지는 아직 모른다. 식품은 먹어서 속이 한 번 불편하면 그만이지만 피부는 화장품 소재에 극히 민감하다. '피부 알레르기'라는 이름으로 오래 기억에 남을 수도 있는 것이다. 전통을 이용한 발효화장품에도 첨단 과학이 필요한 이유이다.

막걸리 한 잔으로 힘을 낼 수 있는 이유

발효라고 하면 떠오르는 건 술이다. 동동주는 찹쌀을 누룩으로 발효시킨다. 찹쌀 속 전분(녹말)을 누룩 속 곰팡이가 분해한다. 누룩은 여러 종류의 미생물을 모아 놓은 덩어리다. 수십 종 미생물을 메주 같은 곡물덩어리에 섞어서 키운다. 이걸 선선한 곳에 보관했다가 사용한다. 조금씩 떼어내서 다시 섞어 키우면 계속 배양과 보관이 가능하다. 물론 장기보관이 가능해서 대대로 사용하기도 한다. 발효는 당(혹은 다른 영양소)을 분해할 때 산소가 없는 상황에서 일어나는 분해과정이다. 녹말이라면 아밀라아제에 의해 사슬 당으로, 이후는 다른 효소에 의해 기본 당인 포도당으로 분해된다. 포도당이 산소가 있는 상황에서 분해되면 이산화탄소와 물, 에너지가 나온다. 즉 우리가 숨을 쉬면 산소가 세포에 공급된다. 혈액을 통해 들어온 산소가 세포 속 포도당을 분해하면 물, 이산화탄소, 에너지가 나온다. 이게 숨을 쉰다는 호흡 Respiration이다. 우리가 밥을 먹으면 힘이 나고 이산화탄소가 날숨으로 내뱉어지고 또한 오줌이 만들어지는 원리이기도 하다. 곰팡이 같은 미생물도 같은 방식으로 먹고 살아간다.

사진 2-2 쌀과 효모를 발효시키는 일본 청주(사케)공장. 화장품 소재 피테라가 태어난 곳이기도 하다

다시 동동주 이야기로 돌아가 보자. 찹쌀이 들어오면 누룩 속 곰팡이가 잘라내 분해과정을 거친다. 만약 공기를 불어넣어 주면 곰팡이는 동동주를 만들지 못한다. 대신에너지를 생산해서 자라나고 곰팡이 수가 늘어날 것이다. 반면 안방에 고이 모셔두

면, 즉 공기를 공급하지 않는 상황이면 발효를 한다. 이때 최종 산물이 이산화탄소, 물이 생기는 게 아니고 중간 단계에서 알코올(에탄올)로 변한다(사진 2-1 참조). 포도당 속 에너지가 모두 이산화탄소와 물로 변하지 않았으니 그 에너지는 알코올에 저장되어 있다. 즉 술은 실제 분해하면 에너지가 나온다. 술 힘으로 일을 한다는 이야기는 과장이 아니다. 맥주에도 알코올이 4% 있다. 맥주를 마시면 밥 먹은 것처럼 배에 살이 붙는 이유다. 막걸리, 메주, 김치, 요구르트 등 발효식품은 식품 성분, 즉 탄수화물, 단백질, 지방 등이 완전히 분해되지 않는 중간 분해물이다. 여러 가지 중간 물질이 나온다. 여기에 좋은 물질들이 있을 수 있다. 발효화장품은 이런 물질을 사용한다.

술 공장에서 태어난 피부소재, 피테라Pitera

SK-Ⅱ 피테라가 유럽, 중국에서 주름 방지 효과로 인기다. 무엇보다 술 만드는 효모에서 생산된 발효 소재로 일본 교토 한 청주회사가 만들었다. 1976년 야나기 박사는 청주 공장에서 일하는 사람들 얼굴엔 주름이 많아도 손은 보드라운 것을 발견한다. 술 속 어떤 성분이 피부를 부드럽게 만드는 것이다. 그는 수년간 350종 효모를 조사해 '피테라'라는 성분을 찾아냈다. 피테라는 효모배양액이다. 그 안에는 단백질, 아미노산 등 50종 이상의 다양한 성분이 들어있다. 현재 일본 SK-Ⅱ 주요 화장품 소재로 판매되고 있다.

Chapter 2

메주, 피부를 지키다

: 바이오피부소재 제조법

된장은 전통식품이다. 전통이란 말은 오랜 기간 많은 사람들이 즐겨 먹었다는 이야기다. 의학적으로는 수천만 명이 수십 년간 먹어왔고 몸에 좋다는 걸 증명해 온 셈이다. 그것이 전통식품에 과학자들이 눈을 돌리는 이유다. 화장품 과학자들이 가장 신뢰하는 원료는 많은 사람들이 오랫동안 사용한 건강식품이다. 그 안에 무엇인가 있을 것이라는 기대에서다.

된장은 콩을 삶아서 그곳에서 균이 자라도록 해서 만든 전통음식이다. 균을 따로 집어넣지 않아도 된다. 삶은 콩을 메주 형태로 네모나게 만들고 짚으로 둘러싸서 천장에 매달아 놓으면 된다. 짚에 붙어 있는 많은 균 중에서 콩을 제일 잘 먹고 자라는 녀석인 고초균^{Bacillus}이 콩을

사진 2-3 처마 밑에 매달린 메주
짚에 묻어 있던 고초균이 메주 내 단백질을 발효시킨다

메주로 발효시킨다. '고초枯草'란 오래된 풀이란 의미이다. 이 균이 메주 내에서 자란다. 물론 경우에 따라서는 불청객인 곰팡이들이 메주 표면을 덮지만 그건 긁어내면 된다. 콩 성분을 잘게 자르거나 유용한 성분으로 변환시키는 발효과정이 의약계 관심을 끌고 있다. 발효과정 중에서 항암 성분인 리놀레인산이 생기기 때문이다. 매일 된장을 먹는 것이 암 예방에 좋은 이유는 바로 발효과정에서 나온 이런 좋은 물질 때문이다.

발효는 새로운 물질을 만든다

발효과정에서는 피부에 좋은 물질도 나온다. 이소플라본은 대표적인 콩 성분으로 구조가 여성 호르몬과 유사해서 신체 활성을 유지한다. 게다가 강력한 항산화력을 가지고 있어서 피부 노화 방지에도 제격이다. 잘게 잘린 단백질 덕분에 많아진 아미노산도 피부 필수 영양분을 직접 공급할 수 있다. 콩 단백질을 작은 조각으로 분해해서 이 중에서 미백 성분을 만든 경우도 있다. 바로 멜라닌색소 주머니가 피부 전체로 퍼지는 단계를 억제하는 것이다. 잉크방울은 물속에서 퍼져야만 전체 물이 검은색이 된다. 멜라닌색소도 퍼지지 않게 하면 하얀 피부 톤을 유지할 수 있다. 콩뿐만 아니라 발효된 메주에도 몸에, 특히 피부에 좋은 물질들이 많이 만들어져 있다. 된장만큼 우리에게 좋은 식품은 없다고 해도 과언이 아니다.

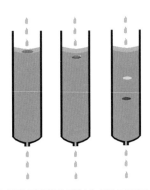

사진 2-4 특정 물질 분리 기술(예 : 칼럼 크로마토그래피 기술)

고체와 달라붙는 성질이 서로 다른 2개 물질을 고체분말 속에 넣는다. 고체에 많이 달라붙는 놈(노란색)은 적게 달라붙는 놈(빨간색)보다 늦게 이동한다. 결국 액체로 이동시키면 두 개가 분리된다. 이 원리로 발효액이나 식물추출물에서 특정 유용한 성분을 분리해 낼 수 있다

된장으로 화장품을 만들고 싶다면 — 발효화장품 장단점

메주 내에는 피부에 좋은 다양한 물질이 생산된다. 피부자극을 낮추는 항산화물질, 피부 콜라겐을 생산케 하는 물질 등이다. 메주는 콩이 발효된 것이다. 이걸 화장품으로 만들 수 있을까? 넘어야 할 산이 많다. 먼저 원하는 물질만을 모아야 한다. 발효액 자체를 화장품 원료로 직접 쓸 수도 있지만 효능이 약할 수 있다. 좋은 물질을 농축해서 피부에 공급할 수 있는 기술을 적용해야 한다. 공학적 기술이 필요한 것이다. 된장을 예로 보자. 된장에 들어 있는, 피부에 좋은 이소플라본을 농축하고 싶다면 먼저 이소플라본을 추출할 용매를 찾는다. 가장 무난한 것은 에탄올이다. 다른 용매, 예를 들면 클로로폼은 위험하기도 하고 추출 후 남아 있으면 독성이 있을 수 있다. 에탄올을 된장에 붓고 저어주면 된장 속 이소플라본이 에탄올에 녹아 나온다. 이렇게 모은 에탄올을 온도를 높여 증발시킨다. 물론 증발시킨 에탄올은 다시 온도를 낮게 해서 회수할 수 있다. 이 방법으로 농축된 이소플라본을 그대로 사용할 수도 있다. 더 순도를 높이려면 정밀한 방법을 사용한다. 분리용 칼럼을 사용하기도 한다. 하지만 화장품이 약은 아니다. 약이라면 원하는 물질 이외에 다른 물질이 들어가 있을 때 이것으로 인한 부작용, 독성을 완벽하게 파악해야 한다. 그러나 화장품은 피부에 독성이 없다면 순수물질까지 분리할 필요까지는 없다. 순도가 높을수록 제조 비용은 급격하게 오르기 때문이다.

발효화장품이 넘어야 할 산 중 하나는 바로 냄새이다. 고약한 냄새 때문에 청국장이 피부에 좋다고 그대로 쓸 수는 없다. 냄새물질을 제거하기는 지극히 어려운데 냄새란 된장 중 어떤 성분이 공기 중으로 날아가는 것이기 때문이다. 짧은 지방산이 대표적으로, 이 물질들을 모두 제거해야 한다. 어떤 물질인지도 정확히 모르는 상태에서 특정 물질을 된장에서 제거하기는 대단히 어렵다. 기술이 많아지면 가격이 오른다. 유일한 현실적 대처법은 다른 향으로 고약한 냄새를 가리는 즉, '마스킹'하는 것이다. 예전 유럽 궁전에 화장실이 없었을 때 야외에 실례하고 향수로 대신한 것처럼 말이다. 이런 점을 고려하여 발효를 진행해야 한다. 현재 주로 많이 쓰이고 있는 방법은 유산균을 이용하는 것이다. 식용이니 일단 안전하고 냄새도 거의 없다. 피부에 좋은 물질들이 발효로 많이 생산된다. 하지만 된장 속에 있는 물질들이 유산균에서도 생산된다는 보장은 없다. 최근에는 청국장 만드는 균 유전자 중에서 냄새물질 생산 유전자를 제거한 균으로 청국장을 만들기도 했다. 오래된 된장에 최신 기술을 적용 중이다.

벌에 쏘이면 된장을 발라도 되나?

어릴 적, 벌에 쏘이거나 화상을 입으면 무조건 된장을 발라야 하는 것으로 알고 있었고 실제로도 사용해 본 경험이 있었다. 별 효과가 없었던 것으로 기억하지만 벌에 쏘인 경우, 쏘인 아이에게나 된장을 발라주는 어른에게 그래도 뭔가 대응을 했다는 것으로 안심을 하게 하는 심리적 효과는 분명 있었던 것 같다. 하지만 화상이 생겼을 때 메주를 바르는 것은 위험한 일이다. 무엇을 바르기보다는 화상 부위 청결을 유지하는 것이 급선무다. 게다가 된장 내에는 미생물도 있다. 물론 병원균은 아니지만 어떤 균이든 인체 피부를 뚫고 들어가서는 곤란하다. 더구나 화상이라면 피부방어벽이 손상된 무방비 상태다. 여기에 균을 발라주는 꼴이다. 곪지 않는 게 다행이다. 어쩌면 당연히 곪아야 할 터인데 그랬다면 아마 조상들도 쓰지는 않았을 것이다. 된장 안에 뭔가 좋은 물질이 생긴 걸까. 과학자들이 된장 속에서 항균펩타이드를 찾아냈다. 그렇다고 벌에 쏘였을 때 된장을 바르지는 말자. 심하면 병원으로 가는 게 상책이다.

Chapter 3

피부를 살리는 줄기세포

: 피부줄기세포

줄기세포 화장품이 화제다. 그런데 줄기세포, 정확하게는 줄기세포 배양액 첨가 화장품을 별 걱정 없이 써도 되나? 이에 대한 답에 앞서 생각해 볼 부분이 있다. 화장품은 피부에 바르는 것인데 피부에 바르는 것이 또 있다. 바로 동물들 침이다. 개는 상처를 입으면 쭈그리고 앉아서 상처 부위를 계속 핥는다. 신기하게도 며칠 지나면 그 상처가 아물어 있다. 입안 상처가 다른 곳에 비해 쉽게 아무는 이유는 침이다. 침에는 무엇이 있기에 이런 요술을 부리는 걸까. 먼저 침 속 항균물질이 침투한 병원균을 녹인다. 다음 순서로 EGF^{Epidermal Growth Factor}, 즉 표피 재생인자라는 SOS 구조요청 물질이 상처 주위 세포들에게 급하게 문자를 보

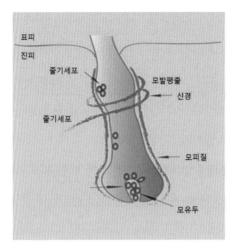

사진 2-5 피부줄기세포 위치

피부 아래 모발 중간 부분에 피부줄기세포가 있다. 이 줄기세포들은 이동하여 피부 속 각종 세포가 된다. 상처가 날 경우 피부줄기세포는 상처에서 보내는 신호를 따라서 그곳으로 이동한다

내면 지원군이 쏜살같이 달려온다. 문자통신, 이것이 피부상처 복구의 핵심이다. 피부 내에서 세포끼리 대화를 하는 물질, 소위 '사이토카인'이라 부르는 EGF 같은 놈들이 피부 세계의 모든 통신을 지배한다.

요즘 세상 사람들을 움직이는 것은 스마트폰이다. 카톡, 문자, 트위터, 페이스북 같은 통신 수단이 사람들 사이 대화를 대신한다. 화를 내고 출근한 남편이 아내에게 슬그머니 보내는 사과 문자, 군대 가는 친구에게 위로의 말 대신에 '잘 다녀와 짜사~'라고 눙치는 문자 메시지가 친구에게 애틋한 마음을 전한다. 우리 몸도 세포들 간에 이런 통신으로 일사불란하게 움직인다. 어떤 세포가 감기 같은 바이러스 공격을 당하면 옆집 세포들에게 비상 신호물질을 내뿜는다. 인터페론도 이런 비상

사태 전달물질이다. 이 신호를 받은 주위 세포는 부지런히 문단속을 하고 집 안 모든 방어물질을 동원한다. 줄기세포가 다른 세포로 변하게 하는 물질도 이런 신호문자다. 따라서 줄기세포를 이용해서 고장 난 장기를 치료하려면 이런 신호체계를 완벽히 알아야 한다. 교통사고로 끊어진 척추신경을 연결할 목적으로 주사한 줄기세포가 신경세포가 아닌 근육세포로 바뀌면 곤란하다. 줄기세포는 어떤 세포로든 변할 수 있는 능력이 있다. 이런 줄기세포 원조는 수정란이다. 수정란이 두 개, 네 개로 분열하면서 열 달 동안 뇌세포, 심장세포, 피부세포로 바뀌어 뇌, 심장, 피부가 된다. 어떻게 같은 세포가 각각 다른 세포로 변할까? 이 신비가 과학자들이 밝히려고 하는 줄기세포 연구의 '블랙박스'이고 가장 알고 싶어 하는 '특급 비밀'이다.

줄기세포 분화는 블랙박스다

이 블랙박스를 잘못 건드려서 낭패한 경우도 있다. 미국 유명잡지인 사이언티픽 아메리카Scientific America는 눈꺼풀을 팽팽하게 하려고 지방줄기세포를 눈꺼풀에 이식했다가 그곳에 뼈가 생긴 사건을 보도했다. 피부를 볼륨 있게 하려고 주입해 왔던 필러CH : Calcium Hydroxyapatite와 함께 주사한 줄기세포가 의도와는 전혀 달리 뼈를 형성한, 아주 보기 드문 사건이다. 피부 필러의 한 종류인 CH는 뼈 주성분이다. 이 CH에 콜라겐

생성세포가 달라붙어 콜라겐이 생기면 자연스레 주름이 없어진다. 주입한 CH는 녹아서 없어져 수십 년 동안 사용했던 안전한 필러이다. 이 환자의 경우는 왜 그곳에 뼈가 생겼는지, 줄기세포가 무슨 역할을 했는지 원인이 분명치 않다. 사실 줄기세포는 커서 무엇이 될지 모르는 어린아이와 같다. 무한한 가능성이 있다는 의미이기도 하지만 그만큼 잘 보살펴야 한다. 화장품에 사용하려는 줄기세포배양액에는 많은 종류의 신호물질이 들어있다.

이 많은 신호물질이 피부에 있는 세포들, 특히 모발 중간에 존재하는 것으로 밝혀진 피부줄기세포에게 무슨 신호를 보내는지 정확하게 파악해야 한다. 그래서 줄기세포배양액이 피부세포들을 툭툭 깨워서 청춘

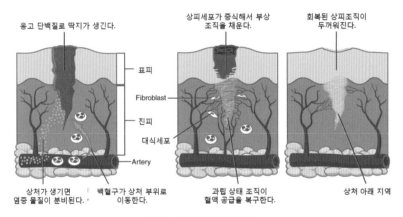

사진 2-6 피부손상 회복과정

상처가 발생하면 염증 신호물질이 상처 부위로부터 생성되어 퍼져 나간다. 이 신호를 받고 백혈구가 상처 부위로 진출한다. 벌어진 상처는 엉김단백질로 봉합된다. 표피세포가 분열해서 상처 부위를 채우고 각질세포는 다시 자라 혈액을 공급받는다. 상처 부위가 봉합되면서 수축되고 내부 상처 부위는 흔적이 남는다

같은 피부 상태로 유지하는지를 확인하고, 또 확인해야 한다. '나 데리러 와, 엄마' 라는 문자를 '나 데리러 와, 임마'로 잘못 쓴 딸은 엄마에게 꿀밤 한 대를 맞으면 그만이지만 피부에서 엉뚱한 신호를 받은 줄기세포는 간단히 빼낼 수 없다. 그동안 화장품 연구의 방향은 피곤에 지친 피부세포를 활기차게 만드는 쪽이었다. 이제 줄기세포가 피부 건강의 핵심이다. 줄기세포끼리 주고받는 문자를 완벽하게 해석하는 일이 줄기세포 화장품의 첫 단추이자 미래 줄기세포 화장품이 갈 길이다.

줄기세포 화장품

젊으면 줄기세포도 젊다. 하지만 나이가 들면 줄기세포도 노화된다. 빠르게 생성하지 않고 더불어 수리 능력도 줄어든다. 그렇기에 피부에 있는 줄기세포를 젊게 만들거나 피부세포 자체를 젊게 만들어야 한다. 줄기세포가 만들어 내는 물질이 이런 역할을 할 수 있다. 식물줄기세포를 배양해서 배양액을 피부에 사용하면 피부세포(줄기세포, 각질세포 등)를 젊게 만들 수 있다. 줄기세포는 분열해서 두 놈이 되는 특징이 있다. 다만 한 놈은 그대로 줄기세포 상태를 유지하고 다른 한 놈은 분화세포(모발세포, 케라틴생산 표피세포, 멜라닌 생산세포, 진피생성세포 등)가 된다.

피부줄기세포

피부에는 줄기세포가 있는데 모낭 주변에 위치한다. 이놈들은 두 배로 분열하면 한 놈은 그대로 줄기세포 상태를 유지하고 다른 놈은 피부세포로 분화한다. 표피 아래 층에서 계속 자라면서 피부장벽을 만드는 기저층도 일종의 줄기세포다. 다만 다른 것으로 변하지는 않고 오직 표피세포(케라티노사이트)만 만드는 분화된 세포라는 것이 다를 뿐이다. 반면 모낭 근처 줄기세포는 피부가 손상되면 달려가서 수리한다. 어떤 세포로든 변한다. 나이가 들면서 세포 자체가 상해를 입는다. 자외선이건 내부에서 발생하는 활성산소이건 상해를 입는 수가 늘어난다. 반면 줄기세포는 숫자가 줄고 재생 능력이 떨어진다. 결국 피부는 수리가 금방 되지 않아 늙고 주름이 생긴다. 모발도 재생 능력이 떨어져 머리가 듬성듬성해진다.

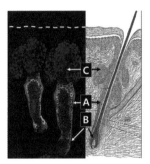

사진 2-7 피부줄기세포

피부줄기세포는 모근(A) 근처에 달라붙어 있다(황색). 피부에 상처가 나거나 보충이 필요한 경우 원하는 세포로 분화해서 모발세포(A, B 청색 부위)를 생성, 모발을 만든다. 피지선(C)에서는 피부기름인 피지를 만들어 내보낸다

Chapter 4

피부의 수호자,
북극 이끼

: 피부노화

나는 몇 살까지 살 수 있는 운명일까? 100세? 오래 살고 싶은 마음은
희망사항일 뿐 내 수명은 세 자매 손에 달려 있다. 그리스 신화에 의하
면 인간의 수명은 클로토, 라케시스, 로포스 세 자매가 결정한다고 한
다. 즉 인간 수명에 해당하는 '실'을 뽑아내고, 살 만큼의 '길이'를 정하
고, 수명이 다하면 가위로 실을 '자른다'는 것이다. 인간 수명의 실을 뽑
아내는 첫째 자매 이름은 클로토Klotho 이다. '실을 뽑아낸다'는 의미로 의
복Clothes의 어원이기도 한 이 신神은 이제는 과학자들에게도 친숙하다.
사람 수명을 결정하는 중요 수명 유전자 중 하나를 '클로토 유전자'라고
명명했기 때문이다. 1994년 찾아낸 이 장수 유전자에 인간 수명을 결정

하는 자매 이름을 붙인 일본 연구진 센스가 돋보인다.

한 화장품 회사Mibelle Biochemistry가 이 장수 유전자를 활성화시키는 천연물을 찾아냈고 이것으로 만든 노화방지 화장품이 피부세포를 젊게 만든다고 발표했다. 그 천연물은 바로 북극지방 동토에서 자라는 이끼 성분이다. 영하 기온에서도 버티는 북극 이끼는 질긴 놈이다. 추운 지방에서 살아남으려면 우선 부동액을 가지고 있어야 한다. 몸이 얼어 터지지 않으려면 자동차 라디에이터 부동액 같은 물질이 필요하다. 또한 이런 곳에서는 먹는 것도 시원찮고 따라서 몸 안에 들어오는 에너지도 적은, 사람으로 치면 '극한 다이어트' 상황이다. 이런 곳에서 수만 년 살아남은 놈들이니 당연히 '생존 노하우'가 있다. 이것은 중요한 의미가 있다. 극한 다이어트 상황, 즉 먹을 것이 없고 날씨도 추운 상황이니 이끼는 온몸으로 에너지 부족 비상상황임을 알고 있다. 따라서 세포 엔진을 최소한으로 돌리면서 살아남는 방법을 찾아낸다. IMF 상황에서 살

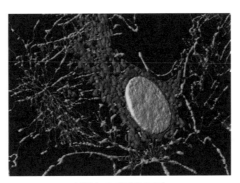

사진 2-8 **미토콘드리아**
세포의 보일러인 수백 개 미토콘드리아(적). 연소속도를 줄이는 것이 장수의 지름길이다(세포핵(황), 세포골격(청))

아낢은 기업은 무엇이 중요하고 무엇을 버려야 하는지 알고 있듯이 세포도 마찬가지다. 극한 다이어트 상황에서 최고 효율로 세포를 돌리려면 어떤 일을 해야 하는지, 어느 경로를 차단해야 장수하는지 치열하게 고민한다. 결론은 다이어트, 즉 식사를 적게 하는 것으로, 이것이 장수 지름길이다.

소식이 장수 지름길이다

실제로 식사량을 평소의 40~50% 줄인 쥐의 수명은 20~30% 늘어난다. 굶어본 사람이 오래 산다는 역설적인 이야기이다. 하지만 그리 대단한 발견은 아니다. 거꾸로, 식사량을 40~50% '늘린' 사람이 어떻게 되는지 우리는 그 결과를 너무 잘 알기 때문이다. 즉 비만, 당뇨, 고지혈증, 고혈압으로 '죽음의 사중주'를 듣게 된다. 극한 다이어트를 한 동물의 경우, 세포 내에서 두 가지 일이 일어난다. 하나는 장수 유전자인 클로토 유전자를 작동시키는 것이고 다른 하나는 몸 안 에너지 센서를 켜서 에너지 낭비가 없도록 하는 것이다. 이 두 가지가 결국 장수 첩경이기도 하다. 북극의 영하 기온에서도 자라는 이끼는 이런 장수 기술이 몸에 밴 놈이다. 이놈들은 노화를 일으키는 세포 산화물질, 즉 활성산소를 금방 없애는 비법도 가지고 있고 세포 내 손상도 신속하게 치료하는 기술도 있다. 이끼의 생존 노하우를 찾아낸 연구진 아이디어가 참신

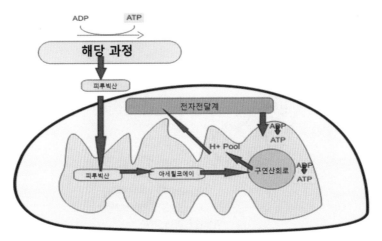

사진 2-9 **미토콘드리아에서 에너지 만들기**

미토콘드리아는 보일러다. 연료인 영양소를 분해(해당)해서 에너지[ATP]를 만든다. 당에서 떨어져 나온 고에너지 전자는 '전자전달계'를 거치면서 에너지를 뽑아낸다. 이 에너지는 크렙스[Krebs]회로에서 여러 가지 중간물질을 만들어 세포합성에 쓰인다. 포도당은 분해되어 이산화탄소와 물, 그리고 에너지저장 물질[ATP]을 만든다. 이 ATP로 세포는 필요한 활동을 하게 된다.

하다.

실제로 이끼 화장품을 피부에 바르니 피부 내 콜라겐이 늘어나고 피부세포가 젊어진 것처럼 자란다는 연구 결과가 있다. 물론 화장품을 만들기 위해 이끼를 매번 북극에서 가져올 필요는 없다. 이끼는 빛만 있으면 스스로 햇볕을 먹고 자란다. 푸른 바닷속 이끼인 미역이나 해초가 잘 자라듯, 배양기 내에서 빛과 영양분만 공급하면 쉽게 자란다.

클로렐라를 바다에서 가져오는 것이 아니라 공장 배양기에서 키우듯이 이 북극 이끼도 원하는 만큼 만들 수 있다. 이끼는 사람들에게 노화 방지에 대해 한 수 가르친다. 과유불급[過猶不及], 즉 지나침은 부족한 것만 못

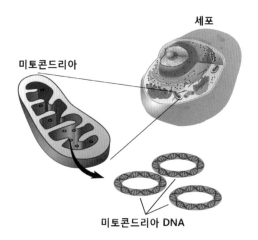

세포

미토콘드리아

미토콘드리아 DNA

사진 2-10 세포 내 미토콘드리아와 DNA

미토콘드리아는 세포 내 100~2,000개가 있다. 세포 전체의 20% 부피를 차지한다. 미토콘드리아는 자체 DNA를 가지고 있다. 37개 유전자를 가지고 있으며 대부분은 미토콘드리아의 보일러 역할을 한다. 즉 영양소에서 에너지를 만드는 작업을 한다. 미토콘드리아는 세포질, 즉 핵 밖 공간에 있다. 난자 속에는 핵DNA 이외에 10만~60만 개 미토콘드리아가 있다. 반면 정자는 머리 부분에 핵DNA만 있고 꼬리 부분에 150개 미토콘드리아가 붙어 있다. 그나마 난자 내에서는 '적'으로 간주되어 파괴당한다. 왜 이런 모습으로 진화했는지는 분명치 않다. 미토콘드리아 DNA는 어머니를 통해 전해진다. 따라서 미토콘드리아를 비교하면 엄마, 딸, 자매 관계를 알 수 있다

하다는 것을. 음식은 우리 몸을 움직이는 중요한 연료이자 에너지원이지만 피부세포를 포함한 우리 세포는 에너지가 '오버'하게 되면 금방 늙어버린다. 빛이 나는 피부를 원한다면 음식을 절제하라. 클로토가 뽑아내는 실의 '수명 길이'를 늘리려면 소식으로 과감히 '허리둘레'를 줄여라.

소식과 세포보일러(미토콘드리아)

밥을 먹으면 온몸의 세포도 식사를 한다. 세포는 위, 대장이 분해한 포도당 형태로 원료를 공급받는다. 여기에서 에너지를 만들어 낸다. 대표적인 에너지는 ATP^{Adenosine Tri Phosphate}다. 3개 달라붙은 인산결합 때문에 에너지가 축적되어 있다. 이 에너지 물질 덕에 근육세포는 움직이고 두뇌는 생각하게 된다. 에너지를 만드는 세포보일러는 바로 미토콘드리아다. 이놈이 장수하기 위한 핵심 요소이다. 미토콘드리아가 늙어버리면 세포가 바로 비실비실해진다. 그런데 소식을 하면 미토콘드리아가 경제속도로 달리지만 과식을 하면 마치 과속페달을 밟은 버스 뒤에서 검은 연기가 나오듯이 '활성산소'가 생긴다. 결국 활성산소는 세포를 손상시키므로 이놈들을 줄이기 위해 평소에 소식하는 습관을 들여야 한다.

미토콘드리아를 피부에 주사해 볼까

보일러(미토콘드리아)가 과열되면 연료가 제대로 연소되지 않고 '검은 연기'를 내뿜는데, 이것이 활성산소^{ROS : Reactive Oxygen Species}다. 불같은 성질을 가진 이놈들은 미토콘드리아 DNA에 상처를 낸다. 보일러 작동에 문제가 생기면 병이 생긴다. 중추신경계, 심혈관계, 소화계 장기에 문제가 생긴다. 싱싱한 미토콘드리아 물질을 공급하거나 아예 미토콘드리아를 직접 몸에 주입하면 임상적으로 효과가 나타난다. 보스턴 병원에서 심정지 소아환자에게 미토콘드리아 10억 개를 주사해서 손상된 심장근육을 회복시켰다. 꼭 자기 것이 아니어도 된다. 원래 외부에서 들어온 놈이라 다른 사람의 미토콘드리아를 주사해도 된다. 자기 것이 아니면 부작용이 많은 바이오치료제와 다른 장점이다. 미토콘드리아는 이 세포 저 세포 사이를 이동한다는 것이 밝혀지면서 원하는 세포로, 예를 들면 상처 입은 심장세포에게만 전달할 수도 있다. 이왕이면 가장 손상이 덜 된 놈을 고르는 게 치료 효과가 좋을 것이다. 줄기세포를 배양하면서 그 안에 있는 미토콘드리아를 골라내면 된다. 미토콘드리아가 부실하면 잘 생기는 게 염증이다. 또한 패혈증 치료에도 효과를 보고 있다. 이제 싱싱한 보일러를 공급하는 방법을 피부에도 적용해 볼 수 있지 않을까.

미토콘드리아는 셋방살이 중

미토콘드리아는 몸속 보일러다. 인류의 불과 같다. 미토콘드리아는 최초 생물(원핵생물) 중 일부가 다른 세포에 끼어들어서 변형되었다는 설이 유력하다. 즉 간단한 원핵생물(예 : 박테리아)이 진화를 거듭하며 복잡한 진핵생물(예 : 동식물)로 변하는 도중에 미토콘드리아로 자리 잡았다는 이야기다. 그 증거로 미토콘드리아 DNA, 리보솜 등이 진핵생물보다는 원핵생물과 비슷하다.

원핵생물은 에너지를 만드는 보일러 부분이 세포벽 부분에 붙어 있다. 반면 진핵생물은 보일러가 단독으로 있다. 미토콘드리아다. 미토콘드리아처럼 외부에서 들어와 자리 잡은 것 중에는 엽록체도 있다. 광합성을 하는 세균(원핵생물)이 세포 내로 들어와 자리 잡은 것이 식물세포다. 식물세포는 태양광발전소(엽록체)와 보일러(미토콘드리아)를 동시에 가진 셈이다. 낮에는 태양광으로, 밤에는 먹는 것으로 살아가는 놈이니 가장 고수라 할 수 있다.

Chapter 5

약초를 '즉시' 만들어드립니다

: 식물세포배양

20년 전 방문한 중국 티베트 하늘은 푸르다 못해 눈이 시렸다. 중국 동쪽인 티베트는 고도가 3,000~4,000m 산악 지역으로 자외선도 훨씬 강하다. 선글라스와 자외선차단제 그리고 긴 소매 옷으로 온몸을 덮었지만 강한 자외선에 손등이 금방 검어진다. 이런 티베트 고산 식물들은 자외선 차단물질 혹은 항산화물질을 만들 것으로 예상하고 한 달간 채집 여행을 나섰었다. 하지만 원하는 현지 식물은 그리 쉽게 발견하지 못했다. 티베트 동부 지역인 '샹그릴라' 지역은 티베트어로 '마음속의 해와 달'이라는 뜻이다. 해와 달이 속 타는 내 마음을 알았는지 샹그릴라에서 한 식물을 만나게 해 주었다. 현지인이 깊은 산속에서 채취한다는

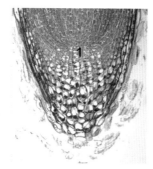

사진 2-11 **식물줄기세포**

식물 속 줄기세포는 뿌리 하단(1)에 위치한다

약초 이름은 '티베트 불로초'다. '샹그릴라 지역의 불로초'라는 화려한 이름만으로도 평생 젊음을 유지하지 않을까 기대가 된 약초였다. 예감은 맞았다.

티베트에서 돌아와 대학 실험실에서 효능 검사를 통해 티베트 불로초에서 성능이 좋은 물질은 찾았지만 샹그릴라가 줬던 기대는 거기까지였다. 화장품 원료로 쓰이려면 몇 가지 조건이 있다. 언제라도 필요한 만큼 공급이 되어야 하고 또 일정하게 성분이 유지되어야 한다. 하지만 현지에서 보내오는 불로초 효능이 매번 일정하지 않았고 대량 구입도 어려웠다. 아쉽지만 샹그릴라 불로초는 그렇게 연구실 구석에 20년간 박혀 있었다. 하지만 불로초는 역시 죽지 않고 살아나는 능력이 있나보다. 불로초를 살려낼 수 있을 최신 연구 방법이 개발됐다. 바로 식물세포배양이다.

산삼도 이제는 실험실에서 키워서 먹는다

　식물은 씨에서 자라서 가지, 줄기, 잎 또는 뿌리가 된다. 줄기를 토막
으로 자른 다음 식물이 자랄 수 있는 고체배지 위에서 식물 호르몬제
와 영양분을 공급하면서 키우면 '캘루스'라는 세포덩어리가 생긴다. 일
종의 식물줄기세포다. 이 캘루스를 고체 상태로 계속 더 키우면 식물로
자랄 수 있다. 액체배양기 속에 넣고 영양분을 주면서 교반하면 하나하
나 독립된 세포로 자란다. 마치 누룩을 키워서 술을 만들 듯이 배양하
면 식물세포배양이 완성된다.

　이렇게 키운 식물세포는 식물과 비슷한 물질들을 생산한다. 세포가
모인 것이 식물이니까 당연히 같은 물질을 생산할 수 있다. 깊은 산속
약초에서 얻던 약 성분을 실험실 내에서 얻을 수 있게 된 것이다. 게다
가 실험실 내에서 키울 수 있으니 최고로 좋은 조건을 만들어 줄 수 있
고 일정하게 원하는 성분도 얻을 수 있다.

사진 2-12 캘루스는 식물형성층을 떼어내 배양하
면 생기는 미분화세포덩어리다

(a)   (b)

사진 2-13 식물세포배양 방법

(a) 식물 전 단계(캘루스 형태)로 직접 배양하거나 (b) 액상반응기로 키우는 방법이 있다

    식물세포배양 기술로 웬만한 식물은 모두 실험실에서 세포 형태로 배양이 가능하다. 씨앗을 가지고도 같은 일을 할 수 있다. 씨앗을 발아시켜 캘루스, 즉 줄기세포 형태로 키우면 된다. 결국 '샹그리라 불로초'를 화장품 원료로 쓰기 위해 굳이 4천m 고지에 있는 샹그릴라의 깊은 산속을 헤맬 필요가 없다는 이야기이다. 지금은 산삼도 같은 방법으로 배양해서 팔고 있다.

    물론 세포로 키운 것과 실제 산삼 성분이 완전히 같지는 않다. 연구자들은 어떤 조건이면 실험실 내 산삼 배양액과 실제 산삼 성분이 같아지는가를 연구하고 있다. 이제 심봤다라는 심마니 외침을 산에서가 아니라 실험실에서 들을지도 모른다.

식물세포배양이 화장품 원료의 희망이다

용평스키장 꼭대기는 발왕산이다. 산 정상에서 오른쪽으로 내려가면 주목나무를 만날 수 있다. 주목은 천년을 산다는 나무다. 이 나무에서 강력한 항암제인 '택솔Taxol'이 발견되었다. 그런데 환자 한 사람을 치료하는 데 필요한 택솔 2g을 얻으려면 60년생 주목 두 그루를 잘라야 한다. 암 환자들의 항암제로 사용되려면 주목나무가 모조리 사라질 판이다. 다행히 지금은 택솔을 식물세포배양법으로 얻는다. 화장품 기능성 성분은 대부분 식물을 키워서 얻지만 '샹그릴라 불로초'처럼 채취가 어려운 경우는 실험실에서 세포배양법으로 그 성분을 얻을 수 있다.

사진 2-14 주목나무
이 나무가 만드는 항암물질(택솔)을 얻기 위해 나무를 베는 대신 주목 세포를 배양탱크에서 키워 생산한다

단지 인간의 아름다움만을 위하여 산속 약초를 모두 캐내어 거덜 낼 수는 없다. 산속에 숨어 있는 약초는 그대로 자라게 놔두자. 자연은 자연 그대로 놔두는 것이 최선이다. 자원을 유지하면서 동시에 계속 사용할 수 있어야 한다. 로레알 등 글로벌 기업들은 화장품 소재를 만들기 위해 더 이상 자연을 파헤치지 않는다. 대신 지속생산Sustainable Production이 가능한 방향으로 선회하고 있다. 지구환경을 지키는 현명한 지혜가 화장품에도 필요하다.

식물줄기세포(사진 2-11)

식물 중에서도 인체에 안전한 식품, 약용식물이 화장품 원료로 연구되고 있다. 식물 뿌리에는 식물줄기세포가 있다. 이놈들은 식물의 어떤 조직세포로도 변할 수 있다. 식물은 동물과 달리 움직이지 못한다. 외부 적에 대항하는 갖가지 방법을 마련해야 살아남는다. 줄기세포가 방어의 중심 역할을 한다. 잎이나 가지가 상하면 그곳에 줄기세포를 급속 배치해서 수선하고 견딘다. 캘리포니아 강털 소나무는 그렇게 4842년을 살고 있다.

이런 줄기세포들을 실험실에서 키울 수 있다. 이런 경우 배양액에는 식물에 존재하는 많은 유용물질들이 존재하게 된다. 이 중에는 피부줄기세포 성장, 분화, 유지에 도움을 주는 물질들이 존재한다.

식물세포배양(사진 2-13)

식물 원료가 필요하면 회사는 어떻게 구할까? 그 식물을 재배, 수확하거나 해당 물질을 추출하는 방법이 있다. 또 다른 방법은 식물조직이나 세포형태로 키우는 방법이다. 세포가 모여 조직이 되고 조직이 모여 식물 성체가 된다. 식물조직배양 방법은 실험실에서 조직, 세포에 영양분을 공급해 키우는 것이다. 그러면 뿌리, 줄기, 잎 등을 가진 완전한 식물로 생장한다. 씨감자를 만드는 방법도 그중 하나다. 예전에는 감자를 몇 개로 나누었다. 지금은 감자세포를 키워 성체가 아닌 중간단계 씨감자를 실험실에서 만든다. 실험실에서 배양하니 야외에서 만날 수 있는 감자 병원균으로부터 안전하다. 삼산배양근도 같은 원리로 뿌리 부분만을 탱크에서 키운다. 물론 이렇게 키운 성분이 천년 묵은 삼산과는 같지는 않겠지만 여러 유용물질이 많이 포함되어 있다.

조직배양(사진 2-12)

식물에서 일부 기관(형성층 : 일종의 줄기세포)을 떼어내어 영양소 및 호르몬을 첨가한 배지에서 키우면 세포덩어리(캘루스 : Callus)가 생긴다. 미분화 상태 줄기세포덩어리인 셈이다. 여기에 식물 호르몬을 처리하면 뿌리, 줄기, 잎 같은 기관으로 분화되어 식물개체로 성장한다. 이를 조직배양이라 한다. 씨가 발아해서 성체가 되는 단계를 실험실에서 재현하는 셈이다.

Chapter 6

주부습진, 남편은 무죄다
: 계면활성제

주부들을 대상으로 한 강의에서 있었던 일이다. 손가락 피부가 갈라지는 소위 '주부습진' 원인이 무엇이냐는 질문에 '남편'이라는 답이 등장했다. 순간 '깔깔' 웃음소리가 튀어 올랐다. 더불어 유일한 남자인 필자는 가슴이 뜨끔했다. 그 말이 맞기 때문이다. 집에서 남편이 부인 대신 설거지를 자주 해주었으면 주부의 손가락 피부가 갈라지는 일은 생기지 않았을 테니까.

주방세제 주성분은 비누 성분, 즉 계면활성제라는 물질이다. 이 물질이 주부의 피부를 갈라놓는다. 남편은 죄가 없다. 세제가 범인이다. 주방세제는 접시에 묻은 기름을 물에 녹여서 접시로부터 떼어내는 일을 한다. 문제는 맨손으로 주방세제를 만지는 경우, 이 세제가 접시 기름뿐만 아니라 손 피부 속 기름도 같이 빼낸다는 데 있다. 손 피부를 자세히 보면 마치 성벽처럼 벽돌과 시멘트 같은 구조로 이루어졌다. 시멘트는 다시 얇은 기름층과 물기 있는 층으로 겹겹이 되어있다. 그래서 바깥으로부터 들어오는 병원균을 막는 방벽 역할을 한다. 이 시멘트에서 주방세제 비누 성분인 계면활성제가 기름을 빼내면 시멘트가 없어지고 벽돌만 있는 피부가 된다. 당연히 벽돌 사이로 피부 속 수분이 날아간다.

피부의 정교한 성벽이 무너지는 순간이다. 성벽 안에서 잘 지내던 세포들이 물이 필요하다고 경종을 울린다. 신경세포가 성질이 나기 시작하면서 가려워진다. 벅벅 긁으면 이제 손가락은 붉어져서 온통 난리법석이다. 주방세제 속의 계면활성제로부터 시작되어 무너진 피부성벽은 드디어 주부 인내심을 무너뜨린다. 마침 기분 좋게 한잔하고 들어온 남

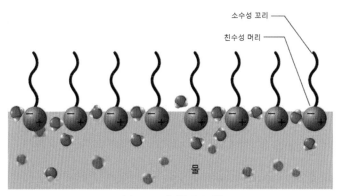

사진 2-15 계면활성제 역할
물에 잘 녹는 친수성 머리와 기름에 녹는 소수성 꼬리를 가진 계면활성제는 물에 넣으면 물 표면에 위치한다. 그래서 표면을 넓어지게 한다. 비누방울이 만들어지는 이유다

편에게 그 화살이 돌아간다. "뭐, 물 묻히지 않고 살게 해주겠다며?" 갈라진 손바닥을 눈앞에 들이대며 소리치는 아내 항의에 남편은 꿀 먹은 벙어리가 되지만 의구심은 든다. '계면활성제 없는 세제는 없는 걸까'

창포는 천연비누

계면활성제는 화장품의 중요 성분이다. 물과 기름이 화장품의 두 기둥이라면 계면활성제는 두 기둥을 섞어주는 역할을 한다. 잘 섞여져서 크림 같은 형태가 되어야 피부에 기분 좋게 바를 수 있다. 더불어 피부에 좋은 효과를 내는 유용한 물질들이 잘 퍼져서 피부침투도 쉬워진다. 문제는 계면활성제의 자극성이다. 맹물로 세수하면 아무런 자극이 없

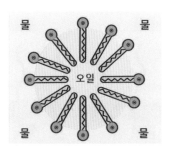

사진 2-16 미셀 구조

물속에 계면활성제가 많아지면 표면을 모두 채운다. 더 첨가되면 물속에 머물게 되지만 소수성 꼬리 때문에 불안정하다. 이런 불안정한 놈들이 더 많아지면 불안정한 소수성 꼬리를 가운데로 모은 구조를 만든다. 이것이 미셀Micelle이다. 옷에 묻은 때는 대부분 지방계열, 즉 소수성이다. 옷을 흔들면 떨어져 나온 기름때가, 소수성이 미셀 한가운데 모인다. 이것이 세탁이 되는 원리다.

지만 비눗물이면 눈이 따갑다. 계면활성제 특성상 모든 세포막에 쉽게 끼어들기 때문이다. 물론 종류에 따라 피부 자극이 적은 것들도 있다. 인삼엑기스를 물에 흔들면 거품이 생기는 이유는 인삼사포닌이 계면활성제 역할을 하기 때문이다. 이처럼 자극성이 적은 천연물질유래 계면활성제를 쓰려는 노력들이 화장품 회사를 중심으로 활발하게 이루어지고 있다. 하지만 모든 천연물질이 우수한 것은 아니다. 종류가 많지 않고 가격이 비싸서 선택 폭이 좁다. 그래도 소비자가 원하는 것이 무無방부제, 무합성계면활성제 화장품이라면 연구자들은 대안을 찾는다.

예전에 단오가 되면 아낙네들은 창포에 머리를 감았다. 피부 건강에도 좋아서 머리카락이 잘 나게 해주기도 하지만 창포에는 물과 기름 모두에 잘 녹는 계면활성제 성분들이 많이 있어 천연비누이기도 하다. 그런데 창포를 화장품에 사용하려고 채취하기 시작한다면 안 그래도 얼마 남지 않은 창포는 사라지고 말 것이다. 무조건 천연이 좋다고 산과 들에서 채취할 수는 없다. 또 천연물질 중에서 좋은 것을 찾아내 같은 모양으로 화합 합성하면 합성계면활성제가 된다. 다시 말하면 천연인가 합성인가의 문제가 아니라 실제로 인체에 얼마나 자극을 주느냐의 문제인 것이다.

요즘은 맥주를 만드는 효모로도 계면활성제를 만든다. 이른바 생물계면활성제이다. 성분도 당과 지질로 된 독성이 적은 구조이다. 가격이나 효능이 괜찮다면 저자극성 비누로 사용할 수도 있다. 이제 조금 더 좋은 주방세제가 나와서 '주부습진'이라는 단어가 사라지고 갈라진 손

바닥을 남편 탓으로 돌리는, '억울한 일'이 남편들에게 생기지 않기를
바란다.

계면활성제 : Surface Active Agent, Surfactant

계면을 '활성화'한다는 의미를 가진 물질이다. 물을 좋아하는 친수성 머리 부분과 기름을 좋아하는 (소수성) 꼬리가 있는 물질이다(사진 2-15). 이 물질이 물에 들어가면 소수성 꼬리 때문에 물속에 머물지 않고 물 표면, 즉 물—공기 계면에 있는 것이 에너지 측면에서 가장 안정하다. 계면활성제가 계면에 머물면 물 표면적을 더 넓히기가 쉬워진다. 왜냐면 물만 있을 때보다 계면활성제가 첨가되면 표면적이 늘어나도 에너지가 안정하기 때문이다. 즉 계면이 활성화된 것이다. 비눗방울은 계면이 극단적으로 늘어난 예다. 즉 계면을 더 늘릴 때 들어가는 힘인 '표면장력'이 물만 있을 때 최대이고 계면활성제를 첨가하면 '표면장력'이 떨어지면서 그만큼 더 쉽게 표면이 늘어난다. 이것이 비눗방울의 원리인 것이다.

세탁 원리

비누, 합성세제는 계면활성제다. 세탁이 되는 이유는 계면활성제가 기름때를 둘러싸기 때문이다. 물속에 계면활성제를 첨가하면 처음에는 계면으로 간다. 계속 농도가 늘어나면 계면을 채우고 그 이후는 물속에 머물게 된다. 이런 상황에서는 따로 있는 것보다는 소수성인 꼬리끼리 모여 있는 것이 에너지 측면에서 안정하다. 즉 친수성 머리 부분은 물 쪽으로, 소수성 꼬리부분은 안쪽인 형태가 된다. 이 구조를 '미셀Micelle'이라 부른다(사진 2-16). 미셀 내부는 소수성부분이라 기름(때 성분)이 들어가기 쉽다. 세탁을 할 때 옷에 묻어 있는 기름기가 미셀에 녹아들어가게 되며 이런 원리로 세탁이 되는 것이다.

리포좀 Liposome

화장품을 만들 때 사용하는 원료보호 방법이다. 비타민C를 예로 보자. 이 물질은 강력한 항산화제다. 물에 잘 녹는다. 물에서 공기와 접촉하면 산화되어 항산화 능력이 사라진다. 이 물질을 피부에 공급하고 싶으면 먼저 산화되지 않도록 보호해야 한다. 리포좀은 계면활성제가 만든 원형구조이다. 계면활성제 종류(머리/꼬리 비율, 전하크기)를 잘 선택하면 물속에서 가운데가 비어 있는 리포좀 구조가 된다. 가운데는 머리가 맞대고 있는 친수성 영역이다. 물이 들어갈 수 있고 비타민C가 녹아들어 갈 수 있다. 이 부분은 공기가 차단되어 있다. 따라서 리포좀 내부에서 비타민C는 산화되지 않고 보호받는다. 이 리포좀 상태로 비타민C가 들어간 화장품 스킨을 만들 수 있다. 피부에 바르는 순간 기계적인 마찰 힘으로 리포좀이 깨지고 비타민C가 피부표면에 접촉해서 침투할 수 있다. 물론 피부침투가 더 잘되게 하려면 리포좀 구조를 변형시키거나 비타민C를 고분자 물질로 둘러싸는 방식을 사용할 수 있다.

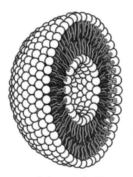

사진 2-17 **리포좀**

리포좀은 계면활성제가 두 겹으로 구형을 만든 경우다. 친수성 머리가 바깥 부분에 있다. 가운데는 친수성 공간이면서 외부산소와 차단되어 있다. 이 가운데 산소에 불안정한 물질을 집어넣으면 안정한 상태로 장기보관이 가능하다

생물 계면활성제|Biosurfactant

미생물(박테리아, 효모)이 만드는 계면활성제다. 미생물이 기름 성분의 영양분을 섭취하려면 기름을 둘러싸서 세포 내로 끌고 들어올 수 있어야 그걸 영양분으로 사용한다. 계면활성제가 세탁할 때처럼 기름을 녹여서 미생물 내부로 끌고 들어온다. 이런 미생물은 오일이 많이 있는 곳에 있을 가능성이 높다.

Chapter 7

피부탄력은 끈끈이가 책임진다

: 히알루론산

'거울아 거울아 세상에서 누가 제일 예쁘니?' 백설공주의 계모 왕비는 거울에 물어보았다. '왕비님이요'라고 답하던 거울이 어느 날 '백설공주요'라고 답하기 시작하면서 왕비의 불행이 시작되었다. 어린아이였던 백설공주는 열여덟 살, 이제 한참 예쁠 나이가 된 것이고 왕비는 그동안 나이가 들어가서 늙어 보인 것뿐이다. 이런 간단한 진리를 왕비가 몰랐던 것인지 아니면 알고도 인정하기 싫은 것인지 왕비에게 물어보는 것은 어리석은 일이다. 세상 어느 여인도 나이 들어 생기는 주름살을 인정하기는 싫기 때문이다.

내 얼굴이 늙어 보이는 것은, 즉 얼굴에 주름이 생기는 것은 나이 탓

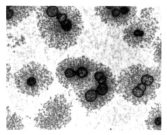

사진 2-18 히알루론산(망처럼 생긴 외부 물질)을 만드는 미생물(Streptococcus Equisimilis (S.equisimilis))

만일까? 아니면 다른 원인이 있을까? 나이 탓만이라면 과감히 포기하고 살겠다. 하지만 내가 어떻게 해볼 수 있는 다른 무엇이 있다면 '백설 공주의 왕비' 정도는 아니더라도 무슨 일이건 해야 하는 것 아닌가. 불로초를 얻겠다고 3천 명이나 외국에 보낸 진시황의 엄청난 욕심에 비한다면 주름살이 안 생기기를 바라는 심정은 아주 소박한 바람이 아닌가?

나이 들면서 주름이 늘어나는 가장 큰 요인은 피부 내 수분이 감소하는 것이다. 피부 내 수분은 피부세포 건강에 가장 큰 영향을 미친다. 사람이 물 없이 3일을 견디기 힘든데 하물며 예민한 피부가 늘 수분이 부족한 상태라면 심각한 문제가 발생한다. 피부 아래 부분, 즉 진피에서 콜라겐, 엘라스틴 같은 물질이 분해, 변형되어서 주름이 형성된다. 더 큰 문제는 히알루론산 생산이 줄어드는 것이다. 히알루론산은 피부 건강에 대단히 중요한 물질로서 자기 무게의 2천 배에 가깝게 물을 가질 수 있는 엄청난 보습력이 있다. 이 물질이 피부 내에서 가지고 있는 수분 덕분에 진피 섬유아세포나 표피 케라틴 생성세포들이 살아간다. 표피에 있는 세포들이 물이 없어서 비실비실해진다면 피부는 최후의 보루까지도 포기할 지경에 이른다. 피부의 가장 중요한 기능인 장벽기능, 즉 인체의 성벽이 무너지는 것이다.

피부 건강의 최선책, 보습

한겨울, 건조한 방 안은 감기에 걸리는 지름길이다. 습기를 유지하는 방법은 간단하다. '막고 잡기', 즉 창에 비닐을 치고 방에는 젖은 수건을 걸어놓는 것이다. 피부도 수분을 유지하기 위해 같은 전략을 쓴다. 비닐에 해당하는 것은 세포 내에서 생산하는 기름 성분으로 수분이 날아가는 것을 방지한다. 젖은 수건에 해당하는 것은 바로 피부 속 히알루론산 물질이다. 이렇게 수분이 유지될 때 피부는 모든 기능이 정상이다. 설사 자외선을 받아서 콜라겐이 부셔져도 금방 새로운 것을 만들 수 있다.

무릎관절 부위에도 히알루론산이 있다. 수분을 가지고 있는 끈적끈적한 물질로 관절 사이에서 윤활유 역할을 한다. 하지만 우리 몸에 있는 히알루론산의 50%는 피부에 있다. 피부 중에서도 진피에 몰려 있다. 이곳에서 두 군데, 즉 성벽에 해당하는 표피와 궁궐에 해당하는 진피에 수분을 공급한다. 마치 피부 저수지와도 같은 역할을 하고 있는 것이다. 따라서 건강한 피부, 탄력 있는 피부를 가지려면 피부에 많은 히알루론산이 있어야 한다. 이것을 만드는 것은 진피 속 섬유아세포Fibroblast다. 나이가 들어 줄어든 히알루론산을 더 많이 생산하게 하는 방법은

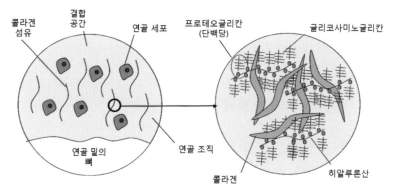

콜라겐 섬유　결합 공간　연골 세포　프로테오글리칸 (단백당)　글리코사미노글리칸

연골 밑의 뼈　연골 조직　콜라겐　히알루론산

사진 2-19 **연골 속 물질들**

관절 연골부분(좌)에 히알루론산 같은 당인 글리코사미노글리칸(GAG : Glycosaminoglycan : 헥소사민이 주성분인 다당)과 GAG에 단백질이 붙은 프로테오글리칸Proteoglycan이 얽혀있다. 연골 내부에는 콜라겐과 당단백질, 그리고 연골세포가 있다

없을까? 이 방법을 찾는다면 수분 부족으로 생기는 많은 문제, 즉 주름, 아토피 등을 개선할 수 있다. 답은 늘 간단하면서도 가까이에 있다.

신선한 야채, 규칙적인 운동, 적당한 스트레스가 우리 몸을, 피부세포를 튼튼하게 하고 이것이 탄력 있는 피부로의 지름길인 것이다.

히알루론산 생산하기

히알루론산은 피부에서 생산되는 물을 다량 함유하는 피부 보습제다. 또한 무릎연골세포에서 만들어져 무릎보호기능을 한다. 나이 들면 생산량이 줄고 분해량이 늘면서 연골이 닳게 되면서 무릎 뼈가 서로 부

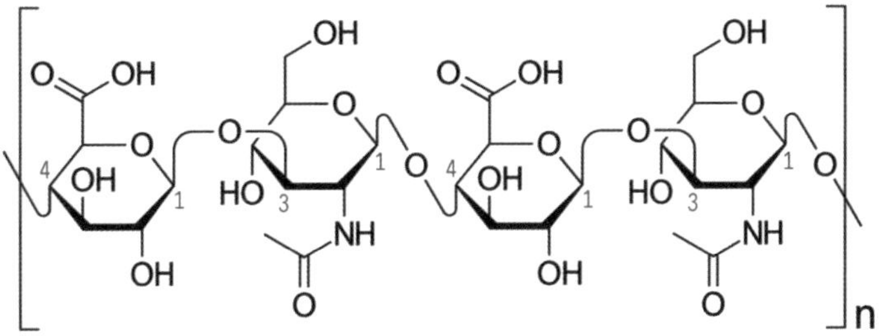

사진 2-20 히알루론산

당이 2개씩 반복되는 고분자물질로 많은 친수성 분자(—OH 그룹) 때문에 물을 함유하기가 쉽다

딪혀 관절염이 생길 수 있다. 외부에서 히알루론산을 주사하면 통증을 완화할 수 있다. 그러면 의료용 히알루론산을 어떻게 만들까. 닭 벼슬의 통통한 부위에 히알루론산이 많아 이를 추출한다.

그런데 닭 벼슬보다 더 좋은 것을 찾았다. 바로 미생물로, 피부 속에 붙어사는 균이다. 이놈은 피부 속에 들어가서 외투를 뒤집어쓰고 있다. 동물 면역세포들에게 들키지 않기 위해서인데 이 외투가 히알루론산이다. 일본 과학자가 발견한 이 균에서 독성유전자를 없애고 배양해서 히알루론산을 만들어 낸다. 지금 공급되는 대부분 히알루론산은 미생물 배양을 통해 만든다.

Chapter 8

자외선이 복부지방 늘린다

: 피부 필러

'너 얼굴 좋아졌다'라는 말을 들은 여자는 '내가 건강해졌나?'라고 생각하기보다는 '체중이 늘었다'라는 말을 돌려 말했나 싶어 거울을 다시 본다. 체중이 늘면 얼굴이 통통해지고 달덩이처럼 얼굴이 환해지는데, 얼굴 피부 아래 지방층 때문이다. 피부 지방층이 어느 정도는 있어야 얼굴 볼륨이 유지된다. 다이어트와 심한 운동을 할 경우, 얼굴 지방층이 복부보다 먼저 빠지면서 얼굴이 마른 장작처럼 홀쭉해진다. 체중을 줄이려다가 핼쑥해지는 얼굴을 보고는 다이어트를 포기하는 여성이 많을 정도이다. 얼굴에 주름이 생기는 것도 보기 싫지만, 아프리카 난민 같은 깡마른 얼굴 또한 맘에 들지 않을 것이다. 이 두 가지, 즉 주름과 볼

사진 2-21 네팔 지방 여인 주름
강한 자외선으로 깊은 주름이 생겼다

름 없는 얼굴의 주범은 놀랍게도 같은 놈, 바로 자외선이다. 자외선이 주름을 생기게 하는 것은 많이 알려졌지만 볼륨 없는 얼굴 원인도 자외선이라는 사실은 최근 밝혀졌다.

서울의대 연구팀은 자외선 노출이 피부 노화에 끼치는 영향을 처음으로 밝혀냈다. 자외선이 얼굴, 목, 팔 등 자외선 노출 부위 피부 피하지방세포에서 지방합성을 억제해 피부를 빨리 늙게 한다는 것이다. 우리 몸 지방은 피부와 내장에 각각 85%, 15%가 저장돼 있다. 그런데 자외선을 온몸에 많이 쬐면 지방합성이 억제되는 현상이 일어난다. 그 결과 과다하게 섭취된 열량은 피하지방에 축적되지 못하고 내장지방 형태로 쌓이게 된다. 따라서 자외선을 많이 받으면 피부노화뿐만 아니라 건강까지 나빠질 수 있다. 이 때문에 상대적으로 노출이 심한 얼굴, 목, 팔 등에 피하지방이 없어져 볼륨감이 줄어든다. 결국 피부에 주름살을 유발하며, 피부 볼륨마저 없애서 조글조글하고 깡마른 얼굴, 즉 노화된 피부를 만든다. 지금까지는 자외선에 노출된 피부에서 피하지방이 없

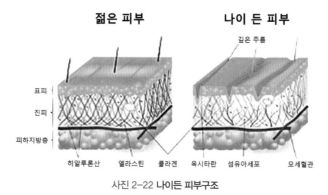

사진 2-22 나이든 피부구조

나이 든 피부는 진피층 조직(히알루론산, 콜라겐, 엘라스틴)이 가늘어지고 줄어든다. 이런 감소작용으로 주름이 발생한다

어지는 이유가 밝혀지지 않았다. 서울대 연구팀은 피부 표피세포에서 분비되는 'IL-6'라는 단백질물질이 지방합성을 억제하는 것을 확인했다. 이 물질들을 제거한 결과 자외선을 쪼이더라도 지방합성이 억제되지 않았다. 따라서 단백질IL-6 합성을 조절하는 소재를 개발하면 원하는 부위의 피하지방 양을 조절할 수 있게 된다는 이론적 근거를 과학적으로 마련한 것이다. 그렇다고 복부지방이 이런 물질로 없어질 거라는 기대는 아직 금물이다.

주름 방지에는 자외선차단제가 최고

주름의 직접적인 요인인 자외선을 피하려면 자외선차단제를 바르거나 햇볕을 피해야 한다. 자외선의 두 종류인 A, B를 모두 차단하는 제

사진 2-23 **지방이식**
본인의 복부지방을 채취해서 얼굴에 주사하는 지방이식법

품에는 차단력을 표시하는 SPF와 PA+ 숫자가 있다. SPF^{Sun Protection} ^{Factor}는 자외선B 차단시간이다. 20이면 20×15분(동양인 기준), 즉 300 분간 자외선을 차단한다. SPF30은 SPF15보다 2배의 시간 동안 자외 선을 차단한다. SPF가 낮더라도 자외선차단 효율은 모두 90%를 넘는 데 SPF15는 93.3%, SPF30은 96.7% 차단한다. 머리에 쓰는 모자는 SPF 3~6 정도, 얇은 티셔츠는 6, 두꺼운 천은 30 정도에 해당된다. PA++ 는 자외선A 차단 능력이다. 자외선B는 야외에서, A는 유리를 통과해서 실내까지 들어온다. +, ++, +++ 3가지로 구분하고 +++가 가장 높은 자외선A 차단 능력을 가진다.

그런데 값비싼 자외선차단제보다도 항산화물질이 듬뿍 있는 야채가 자외선 피부 문제를 더 효과적으로 없애주기도 한다. 자외선차단제로 도 다량의 야채로도 주름을 없애지 못한다면 차선책은 인위적 주름제

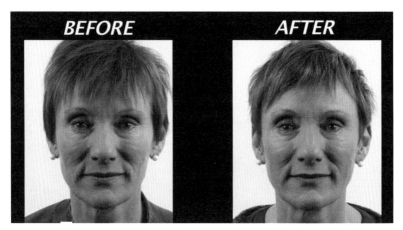

사진 2-24 **피부 필러 사용 전후 사진**

거법이다. 현재까지는 보톡스와 피부 필러 주입이 있다. 보톡스는 웃을 때 생기는 주름근육을 일시적으로 마비시켜 웃어도 주름이 생기지 않는다. 필러는 주름 부위에 직접 주사해서 피부 볼륨을 높인다.

피부 필러 과학

필러는 주름 부분에 주사로 주입하며 부분 마취 후 보통 1시간 정도 걸린다.

• **필러 종류 :**

⑴ **히알루론산 유도체** : 진피 내 보습고분자인 히알루론산(제품명 : 리스틸렌. 주브 덤)을 일부 변형시켜 만든다. 즉 잘 분해가 되지 않도록 고분자 사이를 결합시켜 오래가게 한다. 한 번 주사하면 6개월~1년 지속된다.

⑵ **칼슘하이드록시아파타이트(제품명 : 라디세)** : 걸쭉한 젤리 형태를 깊은 주름이나 턱 라인을 살리기 위해 주사한다. 1~3년 유지된다.

⑶ **지방이식** : 하복부나 다른 곳에서 지방을 흡입해서 뺨, 입술, 이마 등에 주입한다. 장기간 유지될 수 있지만 반복 주입해야 한다. 지방이 몸속으로 흡수되는 것을 고려하여 몇 번 보충하기도 한다.

⑷ **영구주입(아르테필)** : 입 주위 깊은 주름을 부드럽게 만든다. 이 소재는 몸에 흡수 되지 않아서 보충할 필요가 없다. 처음 미용 시술자에게는 적당치 않다.

⑸ **폴리락틴산(스칼프트라)** : 미국식품안정청^FDA^은 HIV 환자의 경우 발생하는 지방 조직손실을 보충하는 필러로 승인했다. 2년 정도 유효하며 부작용(알레르기, 출혈, 멍, 감염, 피부돌출)이 있을 수 있다. 면역력이 약하거나 항혈전제를 먹는 환자는 권 하지 않는다.

.

PART

III

피부, 몸과 소통하다

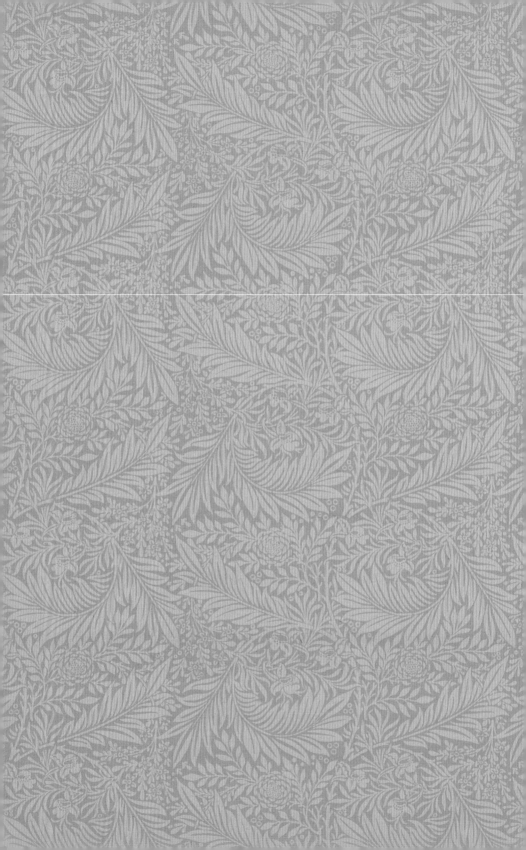

Chapter 1

산모의 피부를 지키자

: 모유 수유의 비밀

'화장은 무엇인가'라는 질문에 한 남학생이 답했다. '교통카드와 같다. 그것이 없으면 밖을 못 나간다'는 것이다. '생얼'로 나가기를 꺼려하는 여성의 심리를 너무 잘 알고 있는 그 남학생은 졸업 후 화장품 회사를 차리는 것이 꿈이라 했다. 그 회사에 투자를 해야 할까 보다. 그런데 유니섹스 시대에 사는 남성들이, 이 남학생처럼 여성의 모든 것을 다 아는 것 같지만 경험할 수 없기에 도저히 알 수 없는 것이 있다. 그것은 출산과 육아의 괴로움이다.

여성이 평생 겪을 수 있는 고통 중 가장 큰 고통은 출산일 것이다. 그래도 그 고통은 아이를 낳으면 사라지는 고통이라 할 수 있다. 그마저 요즘은 제왕절개로 큰 고통 없이 넘어갈 수도 있다. 이에 반해 아이를 키우는 고통, 한밤중에도 칭얼대는 아이에게 젖을 물리거나 분유를 먹이는 일은 숨겨진 괴로움이다. 여성은 이 기간 중에 극심한 스트레스를 받는다. 실제로 출산 후에 25% 여성이 육아로 심한 우울증을 앓는다. 지친 몸에 더해서 오는 것은 수유의 괴로움이다. 모유를 먹일 것인가 분유를 먹일 것인가 결정부터 어렵다. 주위 사람들 이야기는 가지각색인데다 모유 수유가 몸매에도 영향을 준다면 선뜻 아이에게 젖을 물리기 쉽지 않다.

육아 우울증의 또 한 가지 원인은 불어난 몸매다. 임신 중에 불어난 몸무게가 출산 이후에도 줄지 않고 10kg을 훌쩍 넘어선다. 애정이 식은 것 같은 남편을 바라보는 것보다 S라인이 없어진 몸매를 바라보는 것이 더 절망하게 만든다. 결혼 직전 날씬한 허리라인이 모유 수유로 사라진

사진 3-1 모유 수유
유아 건강의 핵심은 모유 수유다

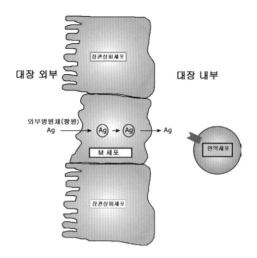

대장 외부　　　　　　　　　　　　　대장 내부

장관상피세포

외부병원체(항원)
Ag

Ag　　Ag　　→　Ag

M 세포

면역세포

장관상피세포

사진 3-2 **유아면역 훈련시키기**
유아장내 M세포는 엄마장내세균^{Ag}으로 장내면역세포를 훈련시켜 면역을 완성한다

다면 엄마보다 여자로서 너무 아쉬울 것이다.

국내 모유 수유 비율은 37%로 미국 60%에 비하여 훨씬 낮은 편이다. 직장 여성이 증가하고 모유 수유를 할 수 있는 환경이 마땅치 않은 점 등이 주요인이지만 모유 수유를 하면 몸매가 망가진다는 검증되지 않은 설도 모유 수유를 망설이게 하는 원인이다. 그래서 우리나라 많은 여성이 일찍 젖을 물리고 바로 약을 써서라도 아이에게 분유를 먹이고 있다. 그렇다면 실제로 모유 수유가 비만의 원인일까?

모유 수유는 비만을 줄인다

정답은 그렇지 않다이다. 모유 수유는 오히려 날씬한 몸매를 돕는 촉진제이기까지 하다. 2012년 영국 한 산부인과에서 산모들이 일제히 모유 수유를 하는 이상한 현상이 일어났다. 모유로 아기를 키운 엄마가 그렇지 않은 여성들보다 비만에 걸릴 확률이 낮아진다는 루머 때문이었다. 그런데 루머는 곧 사실로 드러났다. 영국 내 옥스퍼드대학교 연구팀이 6개월간 모유 수유를 한 여성 체질량지수BMI를 조사한 결과 모유 수유를 하지 않은 엄마보다 더 낮게 나타났다는 놀라운 연구 결과를 발표한 것이다. 체질량지수가 낮아진다는 것은 의학적인 측면에서 비만 관련 질병, 예를 들면 당뇨병이나 심장질환에 걸릴 확률이 낮아질 수 있다는 이야기이다.

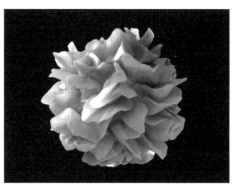

사진 3-3 엄마장내세균 유아에게 옮기기
장내세균을 유선조직으로 옮기는 수지상세포는 주름 사이에 끼워 균을 운반한다

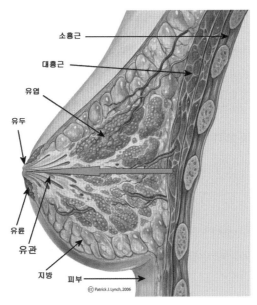

소흉근

대흉근

유엽

유두

유륜

유관

지방   피부

ⓒ Patrick J.Lynch, 2006

사진 3-4 유선에 모인 엄마장내세균

림프관을 통해 이동한 엄마 장내세균은 유엽생산 모유와 함께 유관을 통해 유아 장내로 이동한다(녹색 : 이동방향)

그렇다면 왜 아이에게 모유를 준 엄마의 체질량지수가 낮아진 걸까. 그 이유는 신진대사가 활발해졌기 때문이다. 신진대사란, 몸에서 일어나는 '화학적 작용'을 말한다. 이 화학과정은 칼로리 소모 속도와 체중을 통제하는 중요한 역할을 한다. 그러나 여러 가지 원인으로 인해 신진대사가 저하되면 자연스럽게 지방분해 능력도 떨어지게 된다. 그 결과 운동 후 노폐물 배출이 잘되지 않고 몸속에 쌓여 결국은 살이 쉽게 빠지지 않게 된다. 가뜩이나 힘든 임신, 출산, 그리고 육아로 신체기능은 매우 약해져 있다. 모유 수유를 통해서 이런 낮은 신진대사를 높인다면 아이에게 절대적으로 좋은 모유 수유의 장점(두뇌발달 촉진, 비만위

험인자 감소, 면역증강, 호흡기감염 억제 등)과 함께 몸매 관리로 일석이조 효과를 볼 것이다. 이제 마음껏 모유 수유를 할 수 있으리라.

임신, 출산, 육아 시기 여성은 예민해진다. 담배 피우던 남편은 한겨울 베란다에 덜덜거리며 서 있는 본인을 발견한다. 연애 시절 내뿜던 담배연기가 멋있다던 아내가 돌변한 덕분이다. 변한 이유는 아이 때문만이 아니고 정신적 스트레스와 변화한 몸 상태도 한몫한다. 임신 중에는 호르몬 변화로 피부세포도 상태가 변한다. 예를 들면 기미^{Melasma}가 생긴다. 기미는 멜라닌생성세포가 호르몬 자극으로 검정색소를 내놓으며 만들어진다. 멜라닌은 태양 자외선이 피부세포 DNA를 파괴하는 것을 방지하는 천연방호물이다. 상처회복 부위가 검어지는 것과 같은 이유이지만 정확히 어떤 신호가 왜 멜라닌을 만드는지는 분명치 않다. 이러한 검정 스폿이 생기는 이유는 스트레스 호르몬과 연관되어 있다. 변화를 겪은 피부는 시간이 지나면 원래대로 돌아오지만 예민해져 있는 피부에는 저자극 화장품이 필요하다. 출산 후 무방부제, 천연화장품 등을 찾는 이유다. 모유 수유 장점으로 그들을 도와준 과학자처럼 새로운 화장품 기술이 이들의 갈증을 풀어주어야 한다. 그들이야말로 새 생명을 만들어 낸 우리들의 위대한 어머니이기 때문이다.

모유 수유의 또 다른 역할 : 장내세균 전달

모유 수유는 초유 내 면역물질, 유용 올리고당 등 유용물질을 아이에게 전달한다. 심리적으로 아이에게 안정감을 주고 엄마의 애착을 전하는 방법이기도 하다. 그런데 그보다 더 중요한 건 장내세균의 전달이다. 영아 장내세균은 아이의 장 속에서 면역을 훈련시키기 때문에 최대한 빨리 자리 잡아야 한다. 면역은 면역세포가 다른 세포들을 얼만큼 강하게 공격하는가가 가장 중요하다. 너무 강하면 자기 세포도 공격하고 너무 약하면 외부 병원균도 공격하지 않고 놔둔다. 이걸 조절하는 장소가 유아의 장 속이다. 여기에서 몸속 면역세포와 장내세균이 '티격태격' 스파링을 한다. 장내세균 정도는 면역세포가 봐주어야 한다. 이런 훈련이 안 되면 사소한 외부 균 혹은 이물질에도 기절초풍 놀라 총질을 한다. 이것이 아토피나 천식의 발생 원인이기도 하다.

장내세균 전달은 아이가 태반에 있을 때, 출산할 때 그리고 모유 수유를 통해 이루어진다. 첫 번째는 최근 연구로 그 가능성이 밝혀진 상태다. 두 번째는 출산 시 태아는 산도를 통과하며 모체 질 유산균과 항문 근처 장내세균으로 샤워를 하게 된다. 세 번째는 모유 수유다. 모유에는 엄마가 선별한 유익한 장내세균이 들어 있다. 이 3단계로 태아는 튼튼한 장내세균이 자리 잡게 되는데 산후 6개월 내에 빨리 자리 잡는 것이 좋다. 모유 수유를 해야 하는 또 다른 이유다.

Chapter 2

백설공주가 사과를 먹은 이유?

: 항산화물질

세계를 움직인 유명한 사과가 3개 있다. 첫 번째는 원죄의 근원인 이브의 사과, 두 번째는 만유인력법칙을 발견한 과학자 뉴턴의 사과, 세 번째는 애플 로고인 '한 입 베어 먹은 사과'다. 이 얘기를 아이들에게 한다면 아마 또 다른 사과를 얘기할 것이다. 다름 아닌 백설공주의 사과다. 독이 든 사과를 과감하게 껍질째 씹어버린 공주는 그 사과 덕분에 잠이 들지만 왕자의 키스를 받고 깨어난다. 그런 의미에서 사과는 흰 피부와 S라인 허리를 가진 백설공주 트레이드마크다.

모든 이야기는 그냥 나오지 않는다. 사과에는 숨겨진 비밀이 있는 것이 아닐까? 혹시 사과는 흰 피부와 날씬한 S라인 허리와 관계가 있을

까? 놀랍게도 있다. 사과껍질 성분 중에서 '우르솔산^{Ursolic Acid}'이 다이어
트에 도움을 준다는 연구결과가 발표되었다. 아이오와대학 연구팀이
발표한 내용에 따르면 우르솔산은 근육량을 늘리고 지방을 감소시키는
역할을 한다는 것이다. 특이한 점은 껍질에 주로 포함되어 있는 우르솔
산이 '갈색지방'을 활성화한다는 것이다. 갈색지방이라는 단어는 우리
가 알고 있는 흰색 체지방과는 많이 다르다. 우리 몸에는 태어날 때부
터 두 종류의 지방, 즉 에너지를 저장하는 흰색지방과 에너지를 태우는
역할을 하는 갈색지방이 존재한다. 이 갈색지방은 나이가 들수록 급격
히 그 양이 줄어드는데 일부 성인에게는 아직도 남아 있는 것이 확인되
었다.

지방은 단순히 덩어리가 아니다. 지방이 가득한 세포 뭉치다. 갈색지
방이 갈색인 까닭은 지방이 들어있는 지방세포 내에 에너지 발전소인
갈색 미토콘드리아가 많아서이다. 미토콘드리아는 세포 내에서 연료물
질을 태워서 몸 안에 쓰이는 에너지를 만드는 화력발전소이다. 즉, 갈
색지방세포는 신체의 화력발전소가 몰려 있는 곳이라는 것이다. 이것
이 활성화되면 에너지를 많이 태우고 그 덕분에 에너지 저장소인 흰색
지방이 감소한다. 즉 사과껍질 속 우르솔산이 갈색지방을 깨운다. 이런
이유로 복부비만의 주요 원인인 흰색지방을 감소시켜 허리를 날씬하게
한다. 이제야 비로소 백설공주가 마귀할멈이 건넨 사과를 껍질째 그대
로 씹은 이유를 알겠다. 날씬한 허리도 만들고 또 기절 상태로 있으면
왕자가 올 것을 미리 알고 기대하고 있지 않았을까?

항산화물질이 풍부한 사과

사과껍질에 있는 성분 중에는 우르솔산 이외에 퀘세틴Quercetin이 있다. 이 항산화제는 인체 내에 발생한 활성산소란 해로운 물질을 제거하는 뛰어난 기능이 있다. 자외선이나 스트레스, 과로 등으로 몸 안에 발생한 활성산소는 몸속 세포를 파괴하여 늙고 병들게 만든다. 활성산소가 진피 내 콜라겐, 엘라스틴을 분해하고 얼굴에 주름을 만든다. 주름이 생기는 원인 1위는 물론 나이이고 2위는 태양이다. 나이가 들면서 콜라겐 생성기능이 떨어지니 부서지는 콜라겐을 보충하지 못하는 것이다. 태양에서 나오는 강력한 자외선이 피부까지 뚫고 들어와 물질을 산화시킨다. 피부 속 콜라겐이 부서지는 건 시간문제다. 태양을 피하라. 이것이 가장 강력하고 확실한 주름방지책이다. 나이든 태양이든 피부 속 활성산소를 없애야 한다. 따라서 메말라 있는 피부에 항산화제는 가뭄에 내리는 소나기 같은 구세주이다. 과일이 미인을 만드는 이유이기도 하다. 사과껍질 속 퀘세틴은 또한 두뇌 기억력도 증진시킨다. 백설공주를 구하러 왕자가 올 것이라는 것을 예측할 만큼 총명한 이유가 혹시 사과 때문이 아닐까? 백설공주의 날씬한 허리라인, 흰 피부뿐만 아니라 기억력도 뛰어난 진정한 미인으로 만드는 것이 사과임은 분명하다. 이제 사과는 껍질째 먹어야 한다. 물론 껍질 속에 남아 있을지 모를 농약 성분이 찜찜하다면 식초를 몇 방울 넣은 물에 1분 정도 담근 후 물로 씻어서 먹으면 완벽하다.

다이어트 Diet는 그리스어 '디아이타 Diaita'에서 유래했는데 육체적, 정신적 건강을 지킨다는 의미이다. '매일 아침 사과 한 알로 병원과 의사를 멀리할 수 있다'라는 영국 속담이 있다. 이처럼 사과는 신체 건강에도 도움을 주지만 S라인과 눈 같은 피부의 백설공주처럼 '완벽미인'이 될 수 있다는 꿈을 꾸게 하는 정신적 건강도 챙겨준다. 뉴턴의 사과가 만유인력을, 백설공주 사과가 다이어트 비법을 가르쳐 준 셈이다.

사과 속 우르솔산으로 화장품 만들기

어떤 할머니만이 알고 있는 피부비법이 있다고 하자. 예를 들어 특정한 사과의 껍질을 짓이겨 얼굴에 발랐더니 얼굴이 환해졌다. 여기에 착안해서 사과껍질을 조사했더니 우르솔산이 미백효능이 있는 물질임을 밝혀냈다 하자. 이를 이용해 화장품을 만들고 벤처기업을 차릴 수 있을까. 두 가지 방법이 있다. 먼저 사과껍질을 원료로 쓰는 방법이다. 이 경우 사과껍질을 뜨거운 물이나 에탄올로 우려낸다. 이후 물, 에탄올을 증발시키면 걸쭉하거나 분말 형태 추출물이 남을 것이다. 이를 기초화장품, 즉 크림이나 로션 형태 화장품에 첨가한다. 추출물을 사용할 경우 색깔이 있을 수 있는데 칙칙한 색이면 화장품에는 적절치 않다. 다른 방법으로 색을 보정해야 한다. 많은 화장품이 이런 추출물을 사용한다. 비용도 저렴하지만 천연물을 그대로 사용한다는 장점이 있다. 사과껍질 속에는 알려지지 않은 많은 유용한 물질이 있을 수 있다는 점에서는 추출물이 유리할 수 있다.

또 다른 방법은 특정 물질만을 첨가하는 것이다. 만약 사과껍질에서 우르솔산을 쉽게 분리해 낼 수 있다면 문제는 간단해진다. 하지만 그런 경우는 극히 드물다. 해결책은 우르솔산을 화학적으로 합성하는 방법이다. 당연히 가격이 올라가겠지만 우르솔산 함량을 높일 수 있어서 좀 더 효과가 좋은 고급 화장품을 만들 수 있다. 화장품 연구소장은 사과껍질 추출물을 쓸 것인지 우르솔산만을 쓸 것인지 고민해야 한다. 고민 속에는 제조 비용, 피부 효과 그리고 상품 이미지가 들어간다. 사과를 내세워서 제품 선전을 할지 우르솔산을 강조해야 할지는 마케팅 팀장이 고민할 일이다.

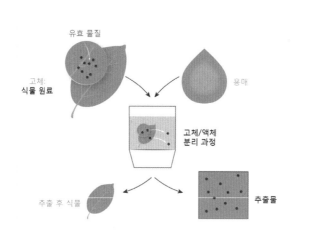

사진 3-5 천연물 특정 물질 추출법

(예 : 사과껍질에서 우르솔산이 들어있는 추출물을 만드는 법)

나뭇잎에 특정 물질(적색)이 들어 있다. 이것을 많이 뽑아내려면 어떤 용매(뜨거운 물, 에탄올, 아세톤 등)를 첨가한다. 천연물 속 적색물질이 용매에 녹는다. 실제로 대부분의 천연물질은 용매에 녹는다. 이후 용매를 날린다. 물은 끓여서 날리고 에탄올(알코올)은 온도를 높이거나 진공을 걸어 날린다. 그러면 적색물질만이 남게 된다. 물론 적색물질만이 아니라 다른 물질들도 남을 것이다. 이걸 '추출물Extract'이라 칭한다. 식품이나 화장품 원료 라벨에 'ＸＸ추출물'이라 쓴 것은 모두 이런 형태로 만들어진다.

피하지방과 복부지방

피하지방은 피부(표피, 진피) 아래층에 있는 지방이다. 단순한 지방덩어리가 아니라 피부, 즉 진피를 근육과 뼈에 붙이는 역할을 한다. 모세혈관과 신경이 피하지방을 바탕으로 살아가고 있다. 피하지방은 탄력을 준다. 통통하게 보이는 사람은 피하지방이 제법 있는 사람이다. 다이어트를 하면, 즉 적게 먹고 게다가 운동까지 한다면 피하지방도 물론 줄어든다. 지나친 다이어트로 깡마른 얼굴과 몸을 '스키니Skinny'하다고 좋아하는 사람도 있다. 하지만 피하지방은 피부뿐 아니라 몸 전체 건강에도 중요하다. 반대로 내장지방은 성인병을 유발하는 직격탄이다. 내장을 둘러싸고 있는

복부지방에서 나오는 지방산은 간이 인슐린에 내성이 생기게 한다. 반면 피하지방
은 이 지방산을 잡아준다. 내장지방이 있어도 피하지방이 있으면 그나마 다행인 셈
이다. 여성은 선천적으로 피하지방이 많다. 이는 여성이 태아에게 공급할 영양소가
지방 형태로 저장되기 때문이라는 학설이 있다. 지방이 필요하기는 하다. 하지만 내
장지방은 절대 사절이다. 피하지방이 필요하다. 피하지방이 많은 여성이 똑똑한 아
이를 낳는다는 연구 결과도 있다.

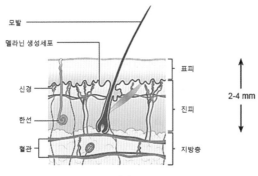

사진 3-6

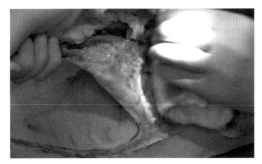

사진 3-7 **피하지방**

(a) 피부구조

　① 표피, 진피(2~4mm), 피하지방으로 구성

　② 피하지방은 피부탄력을 주고 인슐린 저항성 유발물질인 지방산을 잡아준다

(b) (수술 시 보이는 피하지방) 여성(35%)이 남성(25%)보다 체지방 비율이 높다

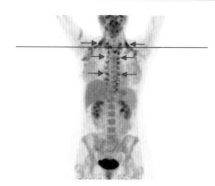

사진 3-8 **성인 갈색지방(빨간색 화살)**

성인 중 3〜7%만이 소량(5〜150g)의 갈색지방을 가지고 있지만 저온자극이나 사과, 블루베리 등으로 늘어난다

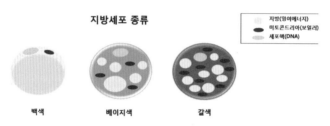

지방세포 종류

지방(잉여에너지)
미토콘드리아(보일러)
세포핵(DNA)

백색   베이지색   갈색

사진 3-9 **지방세포 종류**

갈색지방은 세포보일러(미토콘드리아)가 많고 작은 기름방울들이 차 있어 화력이 세다. 베이지색은 백색과 갈색의 중간 형태다. 백색지방은 흔히 말하는 뱃살이다. 기름을 저장해 놓지만 화력이 약해서 스스로 연소하기가 힘들다

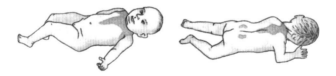

사진 3-10 **유아 갈색지방**

체중 5%인 갈색지방은 체온 강하 시 스스로 태워서 열을 내는 비상보일러다

Chapter 3

지상 최고의 화장품, 사랑

: 호르몬과 피부변화

'너 요즘 예뻐졌네, 연애하냐?'라는 말이 있다. 사랑을 하면 정말로 얼굴이 예뻐질까? 그렇다면 이거야말로 일석이조이다. 애인 생기지, 얼굴고와지지. 그런데 왜 얼굴이 빛나게 되는 것일까? 우리 얼굴은 뇌, 즉 호르몬의 지배를 받는가? 이런 과학적 근거가 분명하다면 또 하나의 신개념 화장품이 탄생할 수 있다. 이른바 '사랑 호르몬 화장품'이다.

사랑은 호르몬이 한다. 처음 상대를 보고 6초 안에 첫인상이 결정된다. 처음 눈에 꽂힌 사랑은 이후 통제 불능 상태가 된다. 즉 내가 어떻게 해볼 수도 없이 '달리는 호랑이'에 올라탄 격이다. 이 달리는 호랑이가 바로 뇌 호르몬이다. 방금 헤어졌는데도 보고 싶고 생각만 해도 가

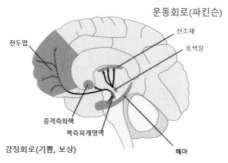

사진 3-11 도파민 생성경로

도파민은 복측피개 영역에서 중격측좌핵을 거쳐 전두엽으로 전달된다(감정회로). 이 경로는
기쁨, 보상회로다. 마약, 도박을 해도 도파민이 나오는 중독회로이기도 하다. 도파민은 운동
에도 관여한다. 흑색질, 선조체로 향하는 이 부분에 문제가 있으면 발을 떼기 힘든 파킨슨병
이 생긴다

슴이 뛰는 이유는 뇌 신피질 부위 고차원적인 이성적인 판단이 아니라
감성, 정서를 다루는 변연계의 명령이다. 내 의지와는 상관없이 가슴이
뛴다는 의미다. 인간이 대단한 지성과 이성으로 무장한 위대한 '호모사
피엔스'가 아닌 호르몬에 의해 좋아하고 흥분하는 동물적 인간임을 인
정해야만 한다. 헤로인 마약 한 방이면 모든 이성체계가 무너지고 오로
지 헤로인이라는 약물에 100% 조정되는 것이 인간인 것을 이해한다면
사랑의 감정이 내 의지가 아니라 호르몬의 결과라 해서 기분 나빠할 것
도 아니다.

사랑 호르몬의 3단계

이런 '호르몬 사랑'은 단계가 있다. 처음 본 상대로 인해 가슴이 설레는 단계는 도파민이 지배한다. 도파민은 헤로인 같은 마약을 했을 때 느끼는, 즉 '뿅 가는' 흥분물질이다. 사랑은 마약처럼 강력한 흥분을 준다는 것이다. 처음 본 순간에 시작된 사랑은 도파민으로 온몸을 마비시킨다. 이런 마비는 이후 페닐에틸아민이 이어받는다. 사랑에 맛이 간 사람들은 힘든 줄도 모른다. 상사 잔소리도 가벼이 넘기고 밤을 새워도 몸이 거뜬한 것은 모두 이 호르몬 덕분이다. 초콜릿에는 이 페닐에틸아민이 많아 잉카제국에서 초콜릿을 강장제와 최음제로 사용하기도 했다. 또한 밸런타인데이에 초콜릿을 주는 이유이기도 하다.

급히 달아오른 사랑의 가슴은 이제 옥시토신을 분비하면서 클라이맥스에 도달한다. 결속감과 친밀함 대명사인 옥시토신, 이것으로 사람들은 최고조에 이른 사랑의 기분을 느낀다. 이제 너와 나는 영원한 하나의 끈이야. 사랑의 포로가 된 두 사람은 결혼이라는 수순을 밟게 된다. 하지만 여기까지다. 기간은 보통 2년이다. 가슴이 터질 듯한 상태로 평생을 살 수는 없다. 결국 원래 평형을 유지하려는 본능으로 사랑 호르몬은 정상 수준으로 돌아온다. 상대의 손을 잡는 것만으로 뛰던 가슴이 이제는 내야 할 집세로 가라앉는다. 하지만 너무 아쉬워할 건 없다. 폭풍 시기가 지나면 사랑은 이제 오래된 친구 같은 모습으로 다가온다. 이제 사랑은 일시적인 호르몬이 아닌 영원한 기억으로 뇌에 남는다.

이런 과정에서 몸을 지배하는 호르몬은 당연히 피부에도 많은 영향을 미친다. 도파민은 피부 모세혈관 부위의 혈액순환을 높인다. 덕분에 늘 신선한 피를 공급받은 피부는 건강하고 탱탱하다. 얼굴에 부드럽게 홍조가 깃드는 것은 이런 이유이다. 한창 젊은 피부는 왕성한 혈액순환으로 부끄러운 새색시 얼굴이 된다. 도파민은 또한 피부장벽을 튼튼하게도 한다. 피부가 튼튼하면서도 부드러운 '최상' 상태가 되는 것을 이런 도파민 호르몬이 도와준다. 따라서 최고의 화장품은 이런 도파민을 많이 만들게 하는 것이다. 오메가 지방산 함량이 94%나 되는 페루 지역 잉카너트는 체내에서 도파민 생산을 촉진하는 것으로 밝혀졌다. 이런 화장품을 얼굴에 바르자. 아니 그 전에 사랑을 하자. 사랑을 하면 얼굴이 예뻐진다. 상대를 생각만 해도 얼굴에 미소가 생기는 '맛이 간' 상태, 이와 더불어 내가 그런 사랑을 받는다는 '뜬금없는 자신감'이 겹치게 되고 여기에 도파민이 온몸 혈액을 구석구석 뿌려준다. 이런 상황에서는 아무리 박색이라도 최고의 미인이 된다. 지상 최고의 화장품, 그건 사랑이다.

호르몬을 직접 화장품으로 쓸 수 있을까

호르몬 자체를 화장품에 쓰는 것은 위험하다. 호르몬은 소량이라도 몸 전체 밸런스를 좌우하기 때문이다. 외부에서 호르몬 역할을 하는 물질 중에는 환경 호르몬(Endocrine Disruptor : 내분비교란물질)이 있다. 예를 들면 트리부틸주석이 있다. 선박용 페인트에 첨가되던 이 물질은 어류에 성 호르몬으로 작용해서 암수 전환이 생기게 만든다. 또한 일부 플라스틱 가소제로 사용되는 프탈산도 뜨거운 물에 녹아 나오기도 한다.

과학적으로 입증된 결과를 보자. 오메가3를 섭취했을 때 도파민이 생성된다. 기분이 좋아지는 항우울증 효과가 있다. 정신적인 효과 이외에 피부과민성, 피부건조증이 감소되고 항산화능이 증가하는 피부개선 효과가 있다. 화장품 성분 원료 중에 이런 도파민 증가 능력을 가진 물질을 찾기 위해서는 실험실에서의 측정이 필요하다. 두뇌세포(뉴런)에서 도파민이 나오는지, 피부세포에 염증, 독성 같은 부작용이 생기지 않는지를 검증한다. 이런 물질들, 예를 들면 식물추출물을 발견하면 화장품 형태로 만들어서 피부에 도포하고 피부혈관 순환 정도(혈색), 기분 변화 등을 측정, 혹은 설문으로 조사한다.

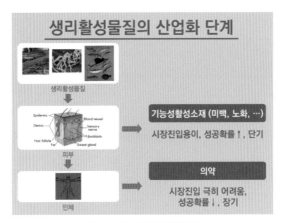

사진 3-12 **기능성물질 산업화 단계**

어떤 기능이 있는 성분을 발견하면 단기로는 기능성 식품과 기능성 화장품으로, 장기로는 의약품으로 개발할 수 있다. 기능성 시장은 진입이 용이하고 성공 확률이 높지만 부가가치가 의약보다는 적을 수 있다. 반면 의약품은 장기투자이지만 진입장벽이 높고 이윤이 클 수 있다

의약품, 기능성 식품, 기능성 화장품 차이

만약 어떤 식물이 두뇌 도파민 생산 능력을 높인다는 것을 발견했다면 이걸 신약으로 개발할 수 있을까. 국내의 경우 의약품 중에는 천연물의약품이 있다. 한방에서 치료용으로 많이 쓰던 물질은 효능이 확인되면 굳이 순수한 물질까지 분리해서 사용하지 않아도 된다. 만약 도파민 증가 능력이 확인되면 다른 독성, 부작용을 확인하고 신약검증 과정을 거치면 된다. 즉 동물실험, 임상실험을 모두 거친다. 천연물 신약은 일반 화합물과 똑같은 허가 과정을 거친다는 말이다.

도파민 증가 천연물을 기능성 식품이나 기능성 화장품으로 허가받기는 쉽지 않다. 현재 기능성 식품 범위에는 영양소기능(예 : 비타민C), 생리활성기능(예 : 루테인, 눈 건강 도움), 질병감소기능(예 : 비타민D) 등이 있다. 여기에 기분이 좋아지는 것은 해당이 안 된다. 기능성 화장품도 미백, 노화방지, 자외선차단 등이 있지만 도파민에 해당하는 부분은 법적으로 없다. 대신 도파민 증가가 미백기능이 있다면 미백화장품 소재로 허가할 수는 있다.

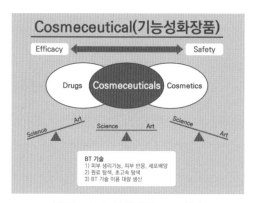

사진 3-13 **기능성 화장품**Cosmeuceutical

기능성 화장품이란 기능 위주 제약과 치장 위주 화장품의 중간 형태로 예방, 개선기능이 있는 화장품이다. 화장품이 Art, 제약이 Science를 강조한다면 기능성은 두 분야가 동시에 필요한 영역이다. 바이오 분야가 이 분야에서 할 수 있는 일은 피부에서 어떤 작용을 하는지를 피부 세포배양으로 확인한다. 또한 천연물 중에서 원하는 기능(미백, 노화방지, 자외선차단기능)을 하는 물질을 찾아내고 이를 대량으로 만드는 방법을 연구한다

Chapter 4

자전거 타는 여성은
장수한다
: 운동과 피부

건강한 얼굴은 굳이 비싼 화장품을 필요로 하지 않는다. 더불어 정신적 스트레스도 없앨 수 있다면 건강의 반은 이룬 것이다. 내가 거금을 들여 자전거를 구입한 이유도 호젓한 산길을 혼자 달려보면 탁 막힌 가슴속이 후련해져서 스트레스가 사라질 것 같았기 때문이다. 거기다 자전거 동호회까지 가입했다. 이 동호회는 초보도 산길을 갈 수 있게 해준다 했다. 한 번 따라가 볼까 하는 호기심이 문제의 발단이었다.

　동호회에는 남자회원 8명과 여자회원 4명이 미리 나와 있었다. 여자도 있는데 내가 못 따라갈까. 처음 가는 길에 뒤쳐져서 민폐를 끼치고 싶지 않았다. 작은 체구의 여성들의 등장은 내심 나를 안심시켰다. 숨을 몰아쉬며 올라선 동네 야산 언덕길 끝에는 아뿔싸, 아주 가파르게 내려가는 좁은 산길이 나를 기다리고 있었다. 나를 포함한 몇 명의 초보는 서로 눈치를 보며 주저하고 있었다. 그때 뒤에 따라오던 4명의 여자는 배낭에서 무릎보호대를 꺼내더니 척척 다리에 감았다. 그러고는 일말의 망설임도 없이 내리막길로 달려 내려갔다. 그 속도는 상상을 초월했고 남은 우리는 넋을 잃고 그 광경을 보고 있었다. 이미 4인방 여전사들은 저 아래에서 우리를 기다리고 있었다. 우리는 선택해야 했다. 하지만 나의 선택은 그리 오래 걸리지 않았다. 나보다 앞서 내려간 청년이 미끄러지며 구르는 것을 본 순간, 미련 없이 자전거를 끌고 걸어 내려갔다. 나는 그날 이후로 그 동호회를 그만두었다.

운동, 영양소섭취가 골다공증을 막는다

이런 급경사에서 자전거는 위험할 수 있다. 하지만 한적한 시골길이나 숲속으로 뻗어 있는 오솔길을 자전거로 달려본 사람은 그 쾌감을 잊지 못한다. 더구나 요즘은 한강을 비롯해서 전국 강변에 자전거길이 연결되어 있어 차가 없는 길에서 맘대로 자전거를 탈 수 있다. 자전거 타기는 여성들에게 좋은 운동이다. 골다공증에 특히 좋은 것이 그 이유다. 골다공증은 뼈를 이루는 물질이 빠져나가고 잘 만들어지지 않기 때문에 구멍이 숭숭 뚫리고 약해져서 발생한다. 그런데 골다공증의 문제는 따로 있다. 골다공증은 뼈가 부러지기 전에는 증상이 없는 '침묵의 병'이다. 게다가 여성은 남자보다 9배나 많이 발생한다. 특히 폐경이 지난 여성에게 많이 발생한다. 가뜩이나 마음이 가라앉은 그 시기에 가볍게 넘어졌는데도 다리가 골절이 된다면 심각한 우울증을 불러올 수 있다. 노인의 경우 골다공증으로 부서진 골반은 자칫 생명을 위협한다. 실제로 겨울철 골절로 인한 노인 사망사고는 해마다 증가하고 있는 추세다. 평균 수명이 길어지면서 고령화 사회 속에서 가장 두드러지는 병중 하나인 것이다.

그렇다면 뼈가 약해지는 것을 막을 수 있는 방법은 없을까. 100% 막을 수 있는 방법은 없다. 일반적으로 출생 후 성장기를 지나 어른이 될 때까지 뼈 대사과정이 활발하게 일어나고 삼십 대쯤에 이르러 최대 골밀도가 형성된다. 그러나 그 이후로는 계속 내리막길을 걷게 된다. 매년 0.4~2% 골밀도가 감소한다는 게 과학적으로 밝혀진 바다. 막을 수 없는 것이 세월이라지만 골다공증을 피해갈 수는 있다. 예방이 최고다. 뼈가 튼튼해지는 4인방 영양소인 칼슘, 인, 단백질, 비타민D가 많이 있는 음식을 자주 먹는 것이 비결이다. 그중 칼슘이 제일 중요하고 가장 대표적인 식품은 우유다. 한국인은 대개 하루 칼슘 권장양인 1,200㎎을 절반도 채우지 못한다. 하루 우유 3잔이면 부족한 권장량을 채울 수 있다. 우유를 마시면 속이 불편한 사람들은 데워서 마시다 보면 점점 우유분해효소가 늘어난다. 이런 식품보다도 더 확실한 것은 운동이다. 다리에 충격을 주는 운동은 오히려 뼈를 튼튼하게 하기에 자전거 운동을 적극 권한다. 하지만 실내자전거는 시간이 지나면 실내건조대로 변하는 것이 보통이다. 따라서 한강변을 나가는 것이 최선이다. 다리 운동에도 도움이 되지만 탁 트인 풍경도 답답했던 우리 가슴을 바람으로 가득 채워서 기분을 풍선처럼 띄운다. 귀를 스쳐가는 공기 소리가 들린다. '음, 살 만한 세상이야.'

운동이 피부에 미치는 영향

운동이 심장, 폐, 스트레스에 좋다는 건 잘 알려진 사실이다. 그런데 피부는 어떨까. 혈액순환은 보습, 햇볕 피하기와 함께 건강한 피부의 세 가지 조건이다. 산소와 영양분이 혈액으로 공급되고 노폐물이 혈액으로 빠져나간다. 그렇다고 피부가 몸 안 독소를 제거하지는 않는다. 외부에서 들어온 나쁜 물질 처리는 모두 간에서 한다. 중요한 건 혈액순환이 좋으면 몸 상태가 최상에 도달한다는 점이다. 스트레스로 악화되는 여드름, 습진이 운동으로 줄어든다. 운동은 스트레스를 줄인다. 사실 운동 자체는 스트레스를 유발하는데 숨이 턱에 차면 스트레스 호르몬(코르티솔)이 높아진다. 하지만 운동을 자주 할수록 이런 스트레스 상황에 대처하는 능력이 높아진다. 코르티솔을 낮추는 적응력이 생긴다. 스트레스 해소 방법 1순위가 운동인 이유다. 스트레스가 여드름을 만드는 이유는 피부기름을 만드는 피지선이 호르몬 영향을 받기 때문이다. 피부에 영향을 주는 물질이 또 있다. '마이오카인Myokine'이다. 근육이 운동을 하면 나오는 항염증성 물질로 피부염증을 줄이고 피부세포활성을 높인다.

탁 트인 야외를 달리는 것만큼 속을 후련하게 만드는 건 없다. 하지만 자외선 방어는 필수다. 자외선이 강한 오전 10시~오후 4시 사이를 피하는 게 좋다. 자외선차단제를 사용하라. 땀은 차단제 능력을 40%까지 떨어뜨린다. 긴 소매, 모자로 태양을 막아라. 운동할 때 얼굴, 코가 붉어지는 '빨간 코' 현상이 나타나면 달리기 같은 운동은 피해야 한다. 잦은 운동으로 피부혈관이 심하게 늘어나는 것이 반복되면 혈관이 늘어난 상태가 되기 때문에 열이 안 나는 운동, 예를 들면 수영을 하든지 서늘한 장소에서 운동을 해야 한다.

피부 속 혈관

피부 피하지방층에 정맥, 동맥이 연결되어 있다. 여기에서 모발에 영양을 공급한다. 땀샘에 연결된 혈관을 통해 노폐물이 피부 밖으로 나간다. 진피와 표피 사이에 뻗어 있는 혈관을 통해 표피, 진피 내 세포들이 산소, 영양분을 받는다. 얼굴이 붉어지는 홍조현상은 쉽게 혈관이 확장되기 때문이다.

'입술이 파랗게 질린다'는 말이 있다. 추울 때나 무서울 때 생기는 현상이다. 입술은 피부 두께가 얇아서 피부 속 혈관이 잘 비친다. 입술이 붉은 이유다. 빈혈이나 혈액 중 산소부족으로 적색이 줄어들고 청색으로 보이는 경우가 있어 건강의 척도가 된다. 찬 공기에 피부가 노출되면 열손실 방지를 위해 혈관이 수축된다. 더불어 혈류량이 떨어지면서 정맥혈관이 두드러져 보인다. 정맥혈액은 산소와 결합한 헤모글로빈이 적어서 푸르게 보인다. 입술이 새파랗게 보이는 이유다.

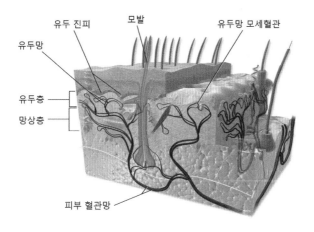

사진 3-14 진피 내 혈액순환 모식도

모세혈관은 진피와 표피 경계선까지 도달한다. 이 혈관으로 표피 속 세포에 영양을 공급한다

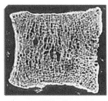 

정상 뼈   골다공증

사진 3-15 골다공증

정상(좌) 뼈에 비해 골다공증(우) 뼈는 뼈의 주성분인 칼슘이 녹아 나와 생긴다

Chapter 5

천고인비의 계절,
호르몬이 문제다

: 비만피부

몸이 비정상적으로 뚱뚱한 사람이 몇 kg을 빼기는 쉽다. 문제는 늘 유지해 오던 평균 체중을 줄이는 것이다. 평상시 생활습관과 찰떡처럼 붙어 있는 것이 체중이니 이것을 줄인다는 이야기는 생활습관 자체가 변해야 한다는 거다. 마치 손깍지를 끼면 오른손이 위에 오던 사람이 왼손이 위에 오도록 습관을 바꾸는 것처럼 어려운 일이다. S라인이나 식스팩은 고사하고 체중만 5kg 더 뺀다면 모든 건강 수치가 정상으로 돌아올 것이라는 의사의 말이 솔깃하다. 하지만 음식으로 자꾸만 가는 숟갈을 놓기가 어렵다는 데 모든 문제의 시발점이 있다. 더구나 선선한 가을, 여름 무더위에 지친 몸이 이제야 식욕을 찾는다. 게다가 고칼로

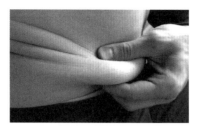

사진 3-16 복부지방
손에 잡힐 정도면 비만경계선이다

리 음식이 총출동하는 추석도 끼여 있으면, 천고마비天高馬肥의 가을은 천고인비天高人肥의 계절로 변신한다. 말은 살찌되 나는 날씬해질 비법은 없는 것일까?

가을은 독서의 계절이기도 하지만 식탐의 계절이기도 하다. 실제로 봄보다 가을에 하루 평균 222Kcal를 더 섭취한다. 서늘해진 가을 공기 때문에 몸은 더 열을 내야 하고 그만큼 허기를 느껴 더 먹게 된다. 반면 열을 내보내는 혈관은 찬 공기로 축소되어 발산이 되지 않아 살이 찌게 된다. 가을이 되면 일조량이 줄고 햇빛이 만드는 세로토닌 호르몬도 줄어든다. 행복감이 덜해지고 스트레스가 쌓인다. 우울증에 따른 폭식이 생긴다.

천천히 먹는 것이 중요하다

사람이 식욕을 느끼게 하는 호르몬은 그렐린이다. 이놈만 잘 관리한

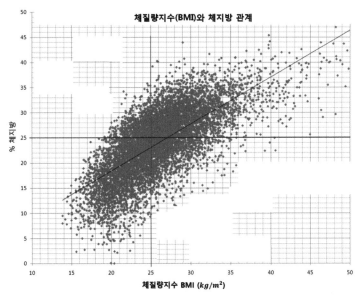

사진 3-17 **비만도**(BMI : Body Mass Index : 체중/신장(m)제곱)**와 실제 체지방 상관관계**
BMI와 체지방은 비례한다. 하지만 BMI가 낮고 체지방이 높은 '마른 비만'과 BMI가 높지만 체지방이 적은 '뚱뚱한 근육형'도 상당 부분 존재한다. BMI만으로 비만도를 결정하는 것은 오류가 있을 수 있다는 이야기다

다면 우리는 출렁거리는 뱃살을 걱정하지 않아도 된다. 문제는 위가 비워지기만 하면 이를 눈치 챈 호르몬이 뇌에 신호를 보낸다는 것이다. 이 신호를 받은 다음부터 뇌의 명령을 어기고 배고픔을 참기란 너무도 고통스러운 일이다. 처음부터 그렐린이 눈치를 못 채도록 하는 일이 제일 나은 방법이다. 식탐 호르몬 그렐린은 예민하다. 잠든 개가 눈치 못 채도록 조용조용히 식사량을 줄여야 하는데 그렐린은 만만치 않게 눈치가 빠르다.

따라서 그렐린과 맞서 싸우기 위해서는 끈기와 인내 그리고 엄청난

노력이 필요하다. 우선 약 6개월 정도의 시간이 필요하다. 이 기간 동안 식사량을 조금씩 줄여 나가는 것이 매우 중요하다. 한꺼번에 확 줄이지 않고 조금씩 음식량을 줄이는 이유는 물론 그렐린 때문이다. 그렐린은 위가 비어 있으면 바로 활동을 개시한다. 따라서 그렐린이 눈치 못 채도록 100~200kcal씩, 즉 하루에 한 숟가락 정도씩 식사량을 줄여 가는 것이 가장 좋다. 술자리나 회식을 피할 수 있으면 피해라. 그곳에서 그렐린을 피하기란 참새가 방앗간을 그냥 지나치는 것보다 어렵다. 운동만으로는 감량이 안 된다. 아예 식사를 줄이는 방식이 그 호르몬을 멀리하는 방법이다. 하지만 신은 우리에게 선택권을 늘 주신다. 그렐린을 주셨으면 그 반대, 즉 식욕억제 호르몬인 '렙틴'도 주셨다. 렙틴을 늘리는 방법으로는 아침 먹기, 천천히 씹어 먹기, 섬유질 먹기, 산책하기, 숙면 취하기이다. 쉽게 말하면 정신없이 먹으면 식탐 호르몬이, 수도하듯이 음미하며 먹으면 식욕이 상대적으로 줄어든다는 것이다. 최소한 식사하면서 내가 식사를 하고 있다는 생각을 해야 한다. 착 가라앉은 기분으로, 명상하듯 한 알 한 알 씹히는 곡식 맛을 본 적이 언제인가. 급한 마음에, 급한 식사에, 급한 음주에 내 몸은 멍든다. 피부는 몸의 창이다. 천천히 음미하는 식습관이 투명하고 탄력 있는 피부를 만든다.

비만은 피부의 적

국내 성인 3명 중 1명은 비만이다. 청소년들은 비만도가 꾸준히 늘어서 17.3%가 비만이다. 비만일 경우 축적된 지방덩어리가 내부 장기를 둘러싸서 제대로 일을 못 하게 만든다. 비만은 특히 성인병(고혈압, 당뇨, 고지혈증)의 직접적 원인이다. 지방에서 나온 신호물질이 혈액 속으로 들어가 혈당을 조절하는 인슐린 역할을 방해한다. 2형 당뇨가 뚱뚱한 사람에게 압도적으로 높은 이유다.

피부도 비만과 직결되어 있다. 비만은 피부장벽, 피지선, 땀샘, 림프구, 콜라겐 구조, 피부상처 치유, 피부혈액순환, 피하지방구조에 악영향을 미친다. 피부 사이에 축적된 지방덩어리로 피부장벽이 깨진다. 피지선이 과잉지방으로 막히면서 여드름이 유발된다. 피하지방이 비례하여 증가한다. 운동 시 과도한 땀이 발생한다. 이런 이유로 다양한 피부질병(흑색피부종, 쥐젖, 건선 등)을 일으킨다. 비만인에게 가장 많이 나타나는 현상은 피부가 접혀서 생기는 염증이다. 염증과 함께 칸디다균이 번성하여 모닐리아 감염증이 생긴다. 여름철 무좀이 성행하는 것과 같은 원리가 접히는 피부(겨드랑이 등)에 생긴다.

Chapter 6

굶을 것인가 뛸 것인가,
그것이 문제로다
: 칼로리와 피부

물만 먹어도 살이 찐다며 세상이 불공평하다는 친구가 있다. 그 친구는
별명이 '0.1톤', 체중이 늘 100㎏대를 오르내린다. 하지만 그 친구와 한
번 술을 먹어본 사람은 안다. 그의 '물'은 사실은 '술'이다. 그는 술을 즐
긴다. 덕분에 허리둘레가 족히 100㎝를 넘어선다. 그는 술은 많이 마시
지만 안주는 안 먹는 편이라고 강변한다. 정말 술만으로 살이 찔까? 알
코올은 그 자체로는 칼로리가 낮아서 몸에 지방으로 쌓이지 않는다고
하는데 나는 왜 살이 찌는 것일까? 술자리에서 안주를 멀리하고 술만
마시는 것은 거의 '수도'에 가까운 인내가 필요하다. 다이어트를 원하는
사람이 술집에 가는 것은 마치 스키 초보자가 상급자 코스에 가는 것과

같다. 술집에서는 정말로 다이어트를 포기해야 할까. 어차피 즐기려고 마시는 술인데 한 잔 한 잔에 열량 계산기를 두들겨야 할 필요까지는 없다. 이왕 술 마시러 왔으면 그 자리의 목적인 '스트레스 해소'를 하면 된다. 술을 먹은 다음에 발생한 문제는 다음날 해결하자. 그럴 마음이 없으면 아예 술자리를 가지를 말아야 한다. 이제 그 이유를 살펴보자.

맥주 500cc 한 잔의 열량은 180Kcal다. 기분 낸다고 넉 잔이 되면 한 끼 식사에 해당한다. 또 알코올이 들어가면 안주가 더욱 맛있어 보이는 현상이 발생한다. 배가 든든할 정도로 채우려면 삼겹살 2인분, 시원한 냉면 1인분이 눈 깜짝할 사이에 없어진다. 이 정도면 60kg인 성인의 하루 권장 열량이다. 술과 안주가 따라오는 이런 술자리라면 이미 세끼 식사를 한꺼번에 한 셈이다. 이러고도 식스팩이나 S라인을 기대한다면 정말로 양심이 없다고밖에 할 수 없다. 이 계산법은 술과 안주 모두 다 열량 계산에 해당된다는 이야기이다. 세상에 대가 없는 공짜는 없다.

굶는 대신 근육을 키워라

즐거운 술자리를 즐긴 다음날은 어제 넘치게 먹었던 열량만큼 열량을 소모해야 한다. 방법은 두 가지다. 굶거나 움직이거나. 그런데 굶어서 들어오는 열량을 줄이는 방법은 부작용이 많다. 우선 몸은 우리도 모르는 사이에 스스로 살려고 모든 지혜를 모은다. 아침을 거를 경우, 점

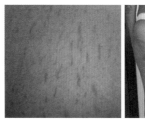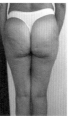

사진 3-18 튼살과 셀룰라이트

심때 많이 먹은 음식을 태워 소비하려 하지 않는다. 그 대신 몸에 저장하려는 본성이 생긴다. 즉 한 번 굶은 경험이 있어서 몸은 비상시를 대비하는 것이다. 음식을 소화시켜 태워버리는 대신 그대로 저장해 놓는다. 이런 원리는 다른 생물체에서도 나타난다. 즉 효모 같은 아주 작은 미생물도 한 번 굶겼다가 먹이를 주면 몸 안에 지방으로 저장해 놓는다. 먹을 것이 부족해 보이는 상황에서는 엔진을 제대로 돌려서 태워버리지 않고 지방 등으로 몸에 저장한다는 이야기이다. 따라서 굶는 것은 몸 엔진을 잠시 끄는 것과 같다. 엔진은 늘 돌아가야 먹을 것을 쉽게 분해해서 몸에 쌓이지 않게 된다.

　엔진은 근육에 해당한다. 근육이 많은 사람의 엔진은 6기통이다. 같은 몸무게여도 뱃살이 있는 사람은 4기통이다. 같은 삼겹살을 먹어도 6기통은 에너지를 다 소비한다. 식스팩을 가진 사람은 뱃살이 홀쭉하다. 밥 한 공기에 해당하는 300Kcal를 소모하려면 끼니를 거르거나 한 시간 빠른 속도로 걸어야 한다. 이 경우 유리한 것은 한 시간 걷는 것이다. 한 시간 걸으면서 엔진을 열 받게 해놓으면 한 시간이 지나서도 연료가 잘 소비되는 상태를 유지하는 부수 효과가 있기 때문이다. 게다가

한 시간 운동으로 근육세포가 늘어났다면 그만큼 기초대사량도 늘어나서 맥주까지 같이 마셔도 뱃살로 가지 않는다.

우리나라 알코올 소비량은 일본의 1.8배, 미국의 1.5배이다. 언제 어디서나 24시간 술을 마실 수 있는 환경도 문제이지만 술이 스트레스를 해소해 줄 것이라는 생각도 문제이다. 맥주 한 병은 속보로 한 시간을 걸어야 할 열량이다. 세상에 공짜는 없다. 먹고 마시는 만큼 남자는 뱃살로, 여자는 허벅지 살로 간다. 스트레스가 생긴 것을 맥주로 풀려고 하는 방식을 바꾸는 방식 이외에는 알코올과 안주의 유혹에서 벗어날 방법이 없다는 것이 문제다.

비만은 피부 합병증

비만은 건강에 여러 가지 악영향을 준다. 피부도 예외는 아니다. 비만으로 인슐린 저항성(인슐린이 제대로 활동을 못함)이 생긴다. 이 경우 피부가 접히는 부분, 예를 들면 겨드랑이, 무릎, 팔꿈치, 목 부위에 검은 반점이 생긴다. 이를 '흑색가시 세포증'이라 부른다. 또한 피부가 접힌 부위에 습기가 생기고 이차감염으로 피부 균이 증식하여 짓무르게 된다. 체중증가로 피부가 팽창하면서 '튼살'도 생긴다. 임신으로 배가 부르면 피부가 트고 선이 생긴다. 시간이 경과하면 줄어들지만 흔적이 남는 경우가 많다. 체중이 하지정맥 관을 압박하면서 하지정맥류, 실핏줄이 터지는 경우가 생긴다. 힘줄이 튀어나왔다고 느낄 정도로 눈에 보이기 시작한다. 점차 진행되면 합병증을 유발한다.

셀룰라이트는 비만이 좀 더 진행되면서 생긴다. 지방에 노폐물과 체액이 결합하여 세포가 변성된다. 단순 비만과 달리 세포질이 두껍고 질기며 분해가 잘 안 된다. 귤껍질처럼 울퉁불퉁한 피부가 되며 발생 후에는 없애기가 어려워 예방이 중요하다. 물, 과일, 신선한 채소, 운동, 마사지로 혈액순환을 돕고 금주, 금연이 도움이 된다.

음주가 피부에 미치는 영향

술 마신 다음날 목이 마르다. 탈수는 단순 목마름을 넘어 염증, 부기, 콜라겐 파괴로 이어진다. 술은 왜 목이 마르게 할까. 술을 마시면 혈액으로 들어가서 뇌하수체에서 생산된 바소프레신(항이뇨 호르몬)을 방해한다. 바소프레신은 신장에서 소변을 재흡수 하여 체내 수분량을 조절한다. 이 작용이 알코올로 막히면 소변이 그냥 나간다. 그래 서 술을 마시면 화장실에 자주 가는 것이다. 마신 술의 양보다도 소변으로 내보내는 양이 더 많다는 이야기다. 당연히 수분이 부족한 탈수현상이 생긴다.

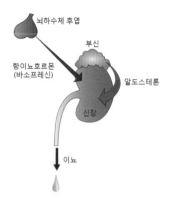

사진 3-19 **소변량 조절 원리**

뇌하수체Posterior Pituitary에서 생산된 바소프레신ADH과 부신피질에서 생산된 알도스테 론은 서로 길항작용, 즉 조절작용을 한다. 그 결과 소변량이 조절되어 체내 수분 상태 가 조절된다

스트레스가 나를 살린다

: 염증

초등학교 시절 운동회는 즐거움 대신 스트레스를 주는 날이었다. 열 살 아이는 늘 걱정도 없이 평화로울 것 같지만 실상은 그렇지 않다. 때로는 쉰 살 성인처럼 심리적 압박이 심하다. 운동회 당시 100m 출발선에서 '땅' 총소리를 기다렸던 순간은 지금도 악몽 같아서 생각만 해도 진땀이 난다. 가족들이 보고 있는 앞에서 꼴찌로 들어오는 모습을 매번 보여줘야 했다. 장애물을 통과하지 않고 옆으로 뛰어가는 반칙을 해본다. 그래도 꼴찌일 만큼 내 다리는 빈약했다. 하지만 이 스트레스가 언제부터인가 '자신감'으로 변했다. 덕분에 지금은 어떤 운동이든 남만큼은 할 수 있게 되었고 이제 운동은 살아가는 큰 즐거움 중 하나다. 달리기 선에 섰을 때의 스트레스가 나에게 무슨 힘을 주었던 걸까?

스트레스는 양날의 검이다. 적더라도 오랫동안 스트레스를 받을 경우, 몸에 직접적인 해를 끼친다. 쥐를 하루 종일 물레방아를 돌리게 해서 스트레스를 받게 한 뒤 위를 관찰하면 새빨갛게 충혈되어 있다. 이런 것이 반복되면 위염, 위궤양이 생긴다. 위가 이럴 정도면 얼굴은 이미 솟아오른 뾰루지로 난리법석일 것이다. 이런 장기간 스트레스는 몸에 나쁘지만 단기 스트레스는 오히려 도움이 되기도 한다. 인간이 동물

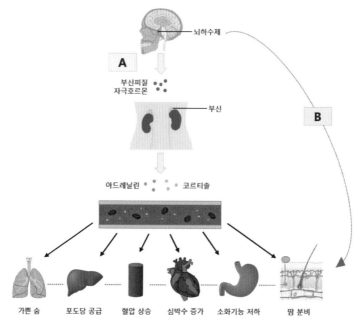

사진 3-20 **스트레스 전달 경로**
스트레스는 두 가지 경로로 두뇌에서 장기까지 전달된다
(A : **호르몬 전달**) 두뇌(해마, 뇌하수체) – 부신피질 – 코르티솔 분비
(B : **신경망 전달**) 신경망(교감–부교감)을 통해 각종 장기에 전달된다

과 마주치면 두 가지 중 택일을 해야 한다. 줄행랑치거나 맞붙어야 한다. 둘 다 순간적인 근육 힘이 필요하다. 이런 스트레스는 순간적으로 큰 힘을 불러일으켜 고도의 집중력을 발휘하게 한다. 또한 스스로의 치유 능력이나 면역력을 높이기도 한다. 실제로 운동선수는 훈련과정에서 스트레스를 이용한다고 밝혀졌다. 특히 상대방과 일대일로 겨루는 태권도, 권투, 격투기, 유도, 펜싱과 같은 종목에서 스트레스는 적절한 긴장감을 유발해 경기력을 향상시킨다. 비단 운동선수나 군인만이 스트레스로부터 도움을 받는 것은 아니다. 많은 사람이 자신도 모르게 스트레스로 능률을 높인다. 밤에 잠을 쫓기 위해서나 집중이 잘 안 될 때 커피를 마시는데 이때 커피 속 카페인 성분은 스트레스 호르몬 분비를 촉진한다. 스트레스가 주는 적당한 긴장감은 건강에도 도움이 된다.

적당한 스트레스는 필요하다

미국 오하이오 주립대 의대 퍼다우스 대버 교수는 적당한 스트레스는 백혈구의 숫자를 늘려 면역체계를 강화한다는 것을 논문으로 발표했다. 부정적인 걸로만 알고 있었던 스트레스의 또 다른 모습이 밝혀진 것이다. 이게 다가 아니다. 스트레스는 사람의 생명을 구하기도 한다. 부모가 위기에 처한 자식을 구할 때는 물론, 그 반대의 상황에서도 스트레스는 힘의 원천이 된다. 2007년 어버이날 15세 남학생이 전신에 화상을 입으면서도 화염에 휩싸인 건물 속에서 아버지를 업고 나와 목숨을 살린 경우가 이에 해당된다. 스트레스를 받는 상황에서는 몸속에서 코르티솔 호르몬이 분비돼 근육이 긴장하고 감각기관이 예민해진다. 그래서 위험에 빨리 대처할 수 있게 돼 생존 확률이 높아진다.

상대와 일대일로 겨루는 운동선수의 경우, 아드레날린이 분비되어 심장박동수가 증가하며 집중력이 높아지고, 맞은 부위의 통증도 잘 느끼지 못하게 만든다. 스트레스가 선수를 준비시키는 것이다. 운동회 날, 100m 달리기 출발선에 서 있던 열 살짜리 소년도 아마 아드레날린이 펑펑 분비되고 있었을 것이다. 당시에는 다리가 못 따라주어서 꼴찌가 되었겠지만 언제부터 그 아드레날린이 두터워진 다리를 만나면서 100m 달리기에서 남들보다 앞서 달리는 경우도 종종 생겼다. 하루하루 살면서 스트레스 받지 않는 날이 있을까. 아마 없을 것이다. 스트레스가 없는 세상은 아무런 자극이 없는 하늘나라에서나 가능한 이야기이다. 지나친 스트레스는 병을 불러오지만 적당한 스트레스는 우리 몸에 긍정적으로 작용한다는 사실을 기억하자. 얼굴에 솟아오른 뾰루지를 살아있다는 증표로 알고 감사할 일이다.

스트레스와 피부

육체적, 정신적 스트레스는 인체에 직접적 영향을 준다. 진화적으로 스트레스는 위기에 대응하게 만든다. 즉 초원에서 위험한 동물을 만나면 호모사피엔스는 공격하거나 도망갈 수 있도록 스트레스 호르몬을 만들어 장기를 준비시킨다. 이런 스트레스 전달의 핵심은 두뇌-뇌하수체 연결망HPA이다. 스트레스는 두뇌 해마를 자극하고 이어 뇌하수체에서 스트레스 자극 호르몬을 만든다. 이 신호가 부신피질에 전달되면 스트레스 호르몬인 코르티솔이 만들어진다. 이 호르몬은 혈액을 통해 온몸에 전달된다. 이와 동시에 두뇌에서 직접 각종 장기에 신호를 보내 장기가 흥분 상태가 된다. 하지만 이런 스트레스가 장기화되면 문제다. 심혈관 문제, 두통, 다발성 무력증, 신경쇠약 등이 생긴다. 피부는 어떨까. 피부는 방어와 면역을 담당하는 장기로 외부와 신체 사이 방벽이다. 피부는 외부환경 신호를 보내기도 하지만 두뇌에서 직접 스트레스 신호를 받는다. 염증전달물질이 두뇌-피부 사이에 직접 오고 간다. 알레르기 면역반응에 관여하는 비만세포(Mast Cell: 뚱뚱한 것과 관계없는 이름이다)가 그 중심에 있다. 외부 알레르기 물질에 접촉 시 히스타민 같은 염증신호물질이 방출되어 재채기, 콧물 등을 유발한다. 꽃가루 알레르기는 일시적이다. 하지만 장기스트레스는 염증이 오래가게 만들고 피부노화에도 직접적인 영향을 준다. 염증신호를 차단하는 천연물을 찾아서 기능성 피부소재로 만들려는 연구가 진행 중이다.

호르메시스Hormesis 이론

가벼운 스트레스나 미량의 독소 등이 오히려 몸의 저항력이나 면역력을 키워주는 현상이다. 도움을 주는 낮은 강도의 스트레스는 '좋은 스트레스Eustress'라 부른다. 음식을 제한하거나 소량의 방사선 등 일정 자극으로 인한 호르메시스 효과가 생명체 생존에 필수적인 항상성Homeostasis에 도움이 될 수 있기 때문이다. 보톡스에 사용하는 보톨리움 독소, 복어 독을 이용한 진통제, 벌침을 이용한 항염 치료제 등이 있다.

사진 3-21 운동경기에 참여하는 것은 스트레스에 대응하는 정도를 높여 주는 좋은 스트레스Eustress로 작용할 수 있다. 물론 스트레스가 도움이 되는 정도는 개인차가 심하다

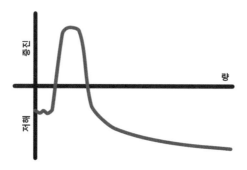

사진 3-22 **호르메시스 커브**

낮은 상태의 스트레스는 오히려 자극이 되어 도움이 된다

Chapter 8

보톡스, 땀을 멈추다

: 땀과 신경

대학 시절, 운동을 하면 유난히 땀을 많이 흘리던 나는 학교 보건소를 찾아갔었다. 자다가 일어났는지 부스스한 얼굴의 노년의 의사는 왜 왔는지 눈으로 묻고 있었다. '한여름에 두 시간 축구를 하면 땀이 비 오듯 해서 혹시 다한증이 아닌가 걱정이다'라는 나의 말에 의사는 내 위아래를 훑어본다. 땀에 젖은 반팔 유니폼에 축구화를 신고 땀을 흘리고 있는 청년이 거기 서 있다. 잠이 덜 깬 의사는 별놈 다 보겠다는 듯 손사래를 치며 나를 내쫓았다. 쫓겨 나오면서도 '운동 후에 땀이 많이 나는 것은 병이 아니구나' 하는 생각에 안심했던 기억이 난다.

정상인의 경우 여름에 흘리는 땀의 양은 1ℓ, 필요 수분량은 3ℓ 정도이다. 운동 시 땀은 아포크린한선을 통하여 배출된다. 뇌가 한선, 즉 땀샘 세포에 신호를 보내면 아포크린 땀샘은 열심히 물을 내보내서 피부를 적신다. 물이 증발하면서 피부온도는 낮아지게 된다. 뇌는 몸 중심온도를 측정해서 땀을 낼 것인지 판단, 반응한다. 다한多汗증 환자는 평상시 땀 분비를 조절하는 뇌 신호가 잘못되어 땀을 많이 흘린다. 평소에도 겨드랑이, 가랑이 등의 부위에 땀이 많이 나서 옷이 젖을 정도면 한 번은 병원에 가보는 것이 좋다. 다른 건강상의 문제가 있을 수도 있기 때문이다. 땀 좀 많이 나는 것이 무슨 대수인가 하겠지만 한여름에 겨드랑이 부분이 축축하게 젖어 있는 모습을 본다는 것은 당황스러운 일이다. 게다가 겨드랑이는 에크린한선이 있어서 수분 위주 땀보다도 지방이 포함된 끈끈한 땀이 나온다. 이 땀 성분이 피부에 살고 있는 피부균에 의해 지방산으로 변하면서 냄새가 발생한다. 축축하게 젖은 옷도 뭐한데 냄새까지 난다면 신사 숙녀로서는 그리 달가운 현상이 아니다.

그런데 이런 다한증을 보톡스 주사로 치료한다. 보톡스 주사는 주로 주름살을 일시적으로 펴는 데 사용하는데 주성분은 보톨리움 독소, 즉 독성분이다. 통조림이 상하면 발생하는 보톨리움 균이 생산하는 이 독소는 지금까지 알려진 독 중 가장 독한 놈이다. 1g이면 10만 명을 사망에 이르게 하는 A급 독성무기다. 주름을 없애거나 다한증을 치료하기 위해 사용하는 양은 극미량이다. 이 경우 보톡스는 근육을 당겨 주는 신호물질(아세틸콜린)이 근육에 달라붙지 못하도록 방해해서 주름을 편다. 소량의 독은 약이라는 소위 '호르메시스' 이론에 보톡스를 추가해도 될

만큼 보톡스는 주름과 다한의 고통을 치유해 주는 고마운 약이 되었다.

땀은 소통의 한 방법이다

땀의 가장 큰 역할은 체온조절이다. 그런데 혹시 다른 역할은 없을까? 옆구리에 있는 아포크린한선에서 나오는 땀이 스트레스나 공포에 의해 나오는 것으로 알려져 있다. 왜 무서우면 땀이 나는 것일까? 손에 땀을 쥐게 하는 공포영화를 볼 때 인체는 땀으로 무슨 일을 하려는 것일까? 혹시 다른 사람에게 보내는 신호 같은 것일까? 여자들에게 눈을 가리고 남자들이 입었던 셔츠 냄새로 맘에 드는 짝을 고르게 하는 실험을 해보니 여자들은 자기 가족의 옷은 고르지 않았다. 동물 진화의 입장에서는 다양한 유전자의 짝을 만나는 것이 유리하기에 가족이 아닌 다른 남성을 선택한다고 해석할 수 있다. 그렇다면 옆구리 땀은 내가 누구라는 신호, 즉 일종의 페르몬일까? 아직 밝혀진 바는 없지만 만일 그렇다면 옆구리에서 땀이 많이 난다고 민망해하거나 보톡스 주사로 막을 것이 아니다. 오히려 '나 이런 사람이야'라고 주위에 광고하는 것이 자연적이지 않을까? 땀 좀 많이 난다고 찾아갔던 의사가 아무 말 않고 나를 내쫓았던 것처럼 우리 몸이 땀을 내보내는 것은 다 어떤 이유가 있어서일 것이다. 미천한 우리가 조물주의 뜻을 미처 헤아리지 못할 뿐이다.

땀으로 자살 예측 가능

스트레스 상황에서도 땀이 난다. 진땀이다. 땀으로 피부가 촉촉해지면 전기가 잘 통하는데 이 점에 착안해서 스트레스 정도를 측정한다. 스트레스는 곧 자살과 직결된다. 심리학자들은 이런 방법으로 자살을 97% 예측한다. 자극적인 벨소리가 처음 날 때는 대부분 반응해서 손에 땀이 나지만 두 번째는 대응 정도가 확연히 달라진다. 자살위험군 사람들은 두 번째 벨소리에 반응 정도가 떨어져 땀이 덜 난다. 주위 환경에 둔감하다는 이야기는 민감도, 흥미도가 급격히 떨어진 상황으로 자살위험성이 높다.

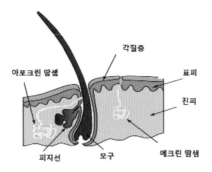

사진 3-23 에크린, 아포크린 땀샘

에크린은 모발과 상관없는 피부에 위치한다. 반면 아포크린 땀샘은 피지선 부근에 위치한다. 피지선에서 나오는 피지와 함께 분비되어 냄새(체취)의 원인이 되기도 하며 끈끈한 땀이 되기도 한다

땀샘 : 에크린, 아포크린한선

에크린 땀샘은 노폐물, 수분을 주로 내보낸다. 체온조절이 주목적이다. 운동할 때 펑펑 내뿜는 샘이다. 반면 아포크린 땀샘은 끈끈한 지방 성분을 내보내게 된다. 사춘기에 호르몬 작용이 왕성해지면 활성화된다. 이때 피부에 있던 세균이 땀 속 성분을 분해하여 지방산을 만들어 내면 특이한 냄새가 나게 된다. 다한증은 겨드랑이에 땀이 유난히 많은 경우이고 교감신경을 차단해서 치료한다. 교감신경은 스트레스 등 흥분 상태에서 몸이 대비하도록 장기를 고조시키는 역할을 해서 땀을 나게 한다. 이 수술을 하게 되면 다른 부분에서 땀이 나는 부작용이 생길 수도 있다.

디오더런트Deodorant **사용**

땀 냄새를 없애는 디오더런트는 대부분 에탄올이 들어가 있다. 에탄올은 소독제다. 겨드랑이에 있는 정상피부 미생물을 죽인다. 정상 피부균은 외부 병원균을 막아주고 피부 면역에 중요한 역할을 한다. 또한 피부질병에 따라 피부미생물이 달라지는데 피부미생물에 대한 연구는 이제 시작이다.

PART

IV

피부, 몸을 지키다

Chapter 1

티베트 여인이 원한 건
하얀 얼굴

: 멜라닌 생성

30년 전 방문한 중국 서부 티베트 서장성은 허허벌판이었다. 수도인 라싸의 공항은 야전비행장을 떠올리게 했다. 티베트의 8월은 우기여서 엊그제 내린 비로 주위 강에 물이 넘쳐 있었다. 나무 한 그루 없는 산을 긁어내린 것처럼 강물은 온통 황토 물이었다. 중국 서쪽 변방 지역인 이곳을 굳이 힘들게 찾은 이유는 자외선을 막는 식물을 찾기 위해서였다. 티베트는 해발 3,000m의 고지로, 지대가 높아지면 자외선 또한 강해진다. 이곳 식물들도 강한 자외선을 받는다. 당연히 강한 자외선의 영향으로 방어시스템을 만들었을 것이다. 물론 지금도 자외선차단제 화장품 원료로 흰 가루(TiO_2 : 티타늄옥사이드)를 사용하지만 이건 단순한 자외선 차단에 불과하다. 자외선을 받았을 때 고지식물은 어떻게 대처할까. 어떤 특별한 방법으로 자외선의 해로움을 방어하는 걸까. 그 원리를 피부에 적용할 수 있는 방법은 없을까.

이 연구 여행에 동행한 사람이 있다. 한국과학기술원 K 박사로, 그는 연구자인 동시에 전도사다. 그는 중국 연변과기대를 통해 이곳 티베트에 수차례 방문했었다. 연변과기대 교수들은 전도에 관심이 많은 편인데, 특히나 티베트는 중국 공산당에 저항하는 불교국가였기에 더욱 주목받고 있었다. 기독교 불모지인 이곳에 교회를 세우는 것이 K 교수의 꿈이자 소명이었다. 필자와 그는 각기 다른 목적으로 티베트를 방문한 셈이다. 이곳은 영어가 거의 통하지 않아 중국어에 능통한 K 교수 없이는 한 발자국도 움직일 수 없었다.

라싸가 수도라고는 하지만 20분만 걸어도 벌판이 보이기 시작한다. 그런데 벌판에서 유목민을 쉽게 만날 수 있을 거라 생각한 건 오산이었다. 렌터카로 40분을 달려서야 벌판에서 텐트 하나를 발견할 수 있었다. 얼굴에 주름이 오글오글한 할머니와 젊은 여성, 그리고 등에 업힌 아기가 거기 있었던 유목민의 전부였다. 젊은 여성은 얼굴에 기미가 가득해 나이가 좀 있어 보였는데 자세히 보니 십대 후반 정도밖에 되지 않았다. 남자들은 근처 야산에서 야크를 돌보고 있다고 했다. 사진을 찍고 돌아서려는데 젊은 여성이 손가락을 비비는 몸짓을 했다. 감사 표시로 이미 돈은 주었는데 더 달라는 것일까? 아니었다. 얼굴에 바를 것을 달라는 의미였다. 어리둥절했다. 사방 10㎞에 봐 줄 사람 아무도 없는 이 허허벌판에서 얼굴에 바를 것을 달란다. 뉴요커도 티베트 유목민도, 여성들은 모두 같은 소망을 가지고 사는구나 싶었다. 티 없이 고운 피부를 갖고 싶은 바로 그 소망 말이다. 피부는 여성에게 있어 '걸어 다니는 광고판'이기 때문이다. 주름 가득한 할머니나 검게 그을린 젊은 여성이나 화장품은 사치품이 아니라 그 소망을 이루기 위한 필수품이었다.

생활자외선과 레저자외선

티베트 고산에 내리쬐는 자외선은 이곳 사람들 피부에 검고 깊은 주름을 남겼다. 왜 자외선은 주름과 기미를 동시에 만들까. 역으로 그 원리를 알면 피부노화 방지와 미백기능 화장품을 동시에 만들 수 있지 않을까. 답은 의외로 간단하다. 자외선은 파장에 따라 A, B, C로 나뉜다. C는 가장 짧기에 가장 강하다. 하지만 대기층에서 흡수되고 지구상에 도달하지는 않는다. A는 파장이 길다. 대신 세기는 약하다. 하지만 파장이 길어서 피부 깊숙이 침투해 진피 바닥까지 들어온다. 긴 파장은 유리도 통과한다. 생활 속에서 늘 노출된다 해서 A는 '생활자외선'이라 불린다. 햇볕이 있는 곳엔 자외선이 있다. 자동차 내부에서도 자외선에 노출되는 이유다. 반면 B는 파장이 A보다 짧다. 표피−진피 경계면까지만 침투된다. 하지만 A보다는 강해서 세포 속 DNA가 손상되거나 화상을 입기도 한다. 결국 자외선 A, B는 모두 피부에 영향을 주고 진피 속 콜라겐을 변형시킨다. 얼굴이 검게 타고, 주름이 생기며 기미도 생기는 원인이 되는 것이다.

그렇다면 기미는 왜 생길까. 자외선을 받은 세포들은 비상체제로 돌입한다. 피부세포 DNA가 파괴되게 생겼기 때문이다. 즉 자외선은 피부 속 물질을 강하게 내리찍으면서 화학적으로 활성산소 ROS : Reactive Oxygen Species를 만든다. 활성산소는 반응성이 강한 유해물질로 이 물질신호를 받은 피부는 세포 DNA가 자외선에 의해 깨지는 것을 막아야 한다. 이렇게 피부는 자외선 방어를 위해 검정색소를 만드는데 이것이 멜라닌색소다. 이 물질은 피부바닥에 있는 멜라닌세포에서 만들어진다. 멜라닌은 각질세포로 전달된다. 각질세포는 피부바닥에서 생성된 후 4주 만에 피부 위로 올라와서 피부장벽, 즉 각질을 만든다. 멜라닌은 표피 방향으로 올라가는 세포를 따라 피부 외곽으로 퍼진다. 피부장벽 자체가 검어지고 얼굴이 검어지는 셈이다. 이런 멜라닌이 없으면 DNA는 돌연변이가 나타나고, 이를 수리해 정상으로 만들지 못하면 결국 피부암이 발생한다. 피부가 검어지는 건 자외선을 막으려는 자연 방어 현상이다.

그렇다면 티베트 높은 지대 식물들은 자외선을 어떻게 방어할까. 식물 잎이 사람처럼 검어지지는 않는다. 대신 자외선을 차단, 흡수하는 물질과 활성산소를 없애는 항산화제를 만들어 내고 돌연변이가 생긴 DNA를 수리하는 효소를 만든다. 이런 방어 기술들을 자외선 차단 목적의 화장품에 이용하는 것이 바로 기능성 화장품의 원리이다. 이렇게

피부구조

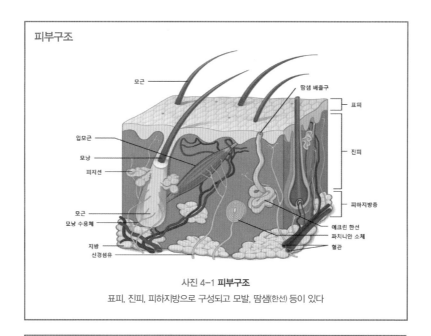

사진 4-1 **피부구조**
표피, 진피, 피하지방으로 구성되고 모발, 땀샘(한선) 등이 있다

자외선 종류

자외선 C(100~280㎚)는 성층권에서 흡수되어 지상에는 도달하지 않는다.
B(280~315㎚)는 표피하단까지, A(315~400㎚)는 진피하단까지 침투한다. 강한 B는
DNA 손상을 입혀 돌연변이 염기(T-T dimer : 사진)를 만들고 화상을 입힌다. A는 피
부노화를 촉진한다.

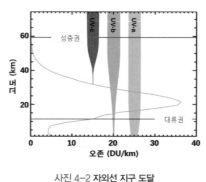

사진 4-2 **자외선 지구 도달**
자외선 파장 길이에 따라 지구 도달 정도가 다르다

티베트 유목민 여성이 원하던 주름 방지와 미백기능을 동시에 가진 기능성 화장품이 만들어지는 것이다.

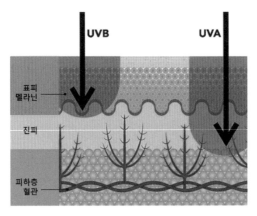

사진 4-3 자외선 피부침투 깊이
A는 진피바닥까지, B는 표피/진피 경계까지

사진 4-4 티베트 유목민 여인들과 텐트 앞에서
(우 : 필자, 좌 : 한국생명공학원 K 박사)

Chapter 2

선탠에 목숨까지
걸어야 할까?

: 자외선과 DNA

예전에 아산병원 외국인 진료소 앞에서 안절부절하고 있는 독일인 여성을 본 적이 있다. 떠듬떠듬 말하는 한국말을 종합해 보니 피부에 중대한 문제가 생겨서 급히 달려왔다는 것이다. 소매를 걷어 내민 팔등에 100원 동전 크기 커피색 반점이 보인다. 난 또 뭐 대단한 거라고 호들갑인가 했다. 하지만 그 여성의 이모와 어머니가 돌아가신 원인이 바로 그 커피색 반점이었다는 거다. 그 반점은 피부암의 일종인 흑색종 Melanoma이다. 오래전 보았던 독일인의 피부가 지금도 내 기억에 남아 있는데 반점 때문이라기보다는 거친 피부 촉감 때문이다. 전형적인 백인인 그 부인 피부는 시멘트 담처럼 꺼끌꺼끌했다. 반면 미국 조지아주

애틀랜타에서 유학시절 만난 흑인들 손은 잘 익은 가지처럼 매끌매끌하고 탄탄했다. 잘 닦아 놓은 구두처럼 윤이 나기도 했다. 그 안에는 감귤 속 과육 같은 촉촉함도 느낄 수 있었다. 피부만을 본다면 흑인 피부는 완벽했다.

애틀랜타 공원에서 웃통을 벗고 선탠을 하는 사람들은 모두 백인이다. 하얀 피부는 자외선을 방어하는 능력이 현저히 떨어진다. 덕분에 피부암 발생률이 제일 높은 것도 백인들이다. 그럼에도 불구하고 모두 태양을 향해 웃통을 벗어젖힌 그들은 무엇을 바라는 것일까? 따끈따끈한 조약돌로 언 손을 녹이듯, 태양의 따스함이 필요한 것인가? 하지만 애틀랜타는 유럽과는 달리 늘 태양이 바늘처럼 살갗에 꽂히는 곳이다. 유럽인들, 특히 독일과 영국 그리고 북유럽들인이 쨍쨍한 햇빛을 보는 날이 적다. 쨍하고 빛나는 날이면 모조리 밖으로 나가는 것도 이해가 된다. 혹시 애틀랜타 백인들은 자신의 하얀 피부가 마음에 들지 않는 것일까? 하긴 하얗지만 창백하고 거칠어, '희멀건'한 톤의 피부가 마음에 들지 않을 수도 있을 것 같다. 이제부터 왜 선탠에 그들이 열광하는지 그 이유를 알아보자.

코코 샤넬로부터 시작된 선탠

18세기까지만 해도 유럽에서 백색 피부는 상류층의 상징이었다. 당시 영국 여왕의 흰 피부는 미인의 대명사였다. 이에 반해 갈색 피부는 대부분 이민 온 외국인들이었다. 갈색 피부는 거리 노동자 같은 하층계급, 천한 신분 상징이었다. 하지만 이런 갈색 피부 기피현상이 바뀐 건 아이러니하게도 사소한 해프닝에서 시작되었다. 프랑스 유명 모델인 코코 샤넬이 공연에 늦어서 메이크업을 하지 못하고 햇볕에 익은 '구릿빛' 얼굴을 한 채로 무대에 설 수밖에 없었다. 관중은 이런 구릿빛 얼굴도 새로운 패션 경향인가보다 하며 지레짐작했고 덕분에 갈색 구릿빛 얼굴이 대중에게 유행처럼 번졌다. 이런 코코 샤넬의 해프닝과 그녀의 팬들 덕분에 구릿빛 피부는 유럽인들의 '로망'이 되었다. 그래서 오늘도 그들은 선탠을 하며 구릿빛 피부에 목숨을 거는 것이다.

한국인 중 일부 젊은 여성들이 구릿빛 피부를 위해서 햇빛을 일부러 쪼이거나 태닝숍에 간다. 하지만 인공선탠도 자외선에 노출되는 건 마찬

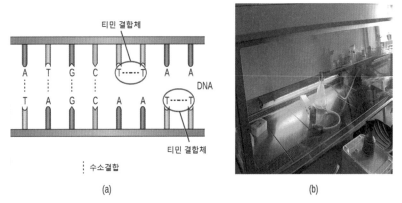

사진 4-5 자외선이 위험한 이유
(a) 자외선은 DNA 이중나선에 변이를 일으켜 T-T 결합Thymine Dimer이 생기게 한다. (b) 자외선을 받은 미생물은 돌연변이를 일으키고 심하면 죽는다. 자외선을 살균 등으로 쓰는 이유다(실험실 무균실험대)

가지다. 실제 인공선탠을 한 사람이 보통 사람보다 6배 높은 피부암 발생률을 보인다. 목숨을 걸 정도로 구릿빛 피부를 가지고 싶다면 차라리 인공적으로 색소를 만들기를 권한다. 현재 사용되고 있는 방법은 DHA^{Dihydroxyacetone}를 사용하는 것이다. DHA를 피부에 도포하면 피부 각질 속 아미노산과 반응하여 갈변반응(밀라드 반응)을 일으킨다. 이 반응으로 갈색색소가 2~4시간 정도 걸려 생성된다. 이 색소는 3~10일간 지속되지만 자외선 차단 능력은 거의 없다. 별도로 자외선차단제를 발라야 한다. 피부는 자외선을 받으면 최외각에 있는 세포가 피부하단에 있는 색소형성세포에 구조신호를 보낸다. 구조신호를 받은 색소형성세포는 멜라닌색소를 만들어서 피부외곽세포 핵을 둘러싸서 보호한다. 멜라닌색소가 유전자를 보호하는 것이다. 이것이 없으면 돌연변이 유전자가 발생, 피부암이 생기기 때문이다. 아무리 뷰티가 중요한 시대라지만 거기에 목숨까지 걸 필요는 없다. 안전하게 구릿빛 피부를 만들고 싶다면 이제는 태양빛을 직접 쬐는 대신 크림을 바르는 지혜가 필요하다.

피부색소의 인체방어

정상피부(우)에 자외선(화살표)을 쬐면 DNA를 돌연변이시키고 활성산소가 생성된다. 활성산소는 세포를 부순다. 피부세포와 DNA를 보호하기 위해 멜라닌색소를 기저층(제일 아래 세포층)에 있는 멜라닌 생성세포 Melanocyte에서 만든다(우하단 손가락 모양 세포). 만들어진 멜라닌색소를 이웃하고 있는 각질세포(케라틴생성세포 : Keratinocyte)에 흘려보낸다. 이 세포들이 위로 성장해 가면서 멜라닌색소가 전체로 퍼진다. 바닥부터 최외각 각질세포가 되어 떨어져 나가는 데 4주가 걸린다. 따라서 자외선을 쬔 후 1~2주면 피부가 검게 변하고 4주가 경과해야 피부색소가 원래대로 돌아온다. 멜라닌색소가 실제로 만들어지는 곳은 멜라노솜(우측 : 흑색, 갈색 점)이라는 주머니다. 멜라닌색소는 흑색 유멜라닌, 갈색 페오멜라닌이다. 각기 다른 멜라노솜 주머니에서 만들어진다.

흑인과 백인 차이는 멜라닌세포 수가 아니라 멜라닌 종류 혹은 멜라노솜 종류에 따라 생긴다. 흑인은 흑색 큰 멜라노솜이 많이 생산되고 백인은 갈색 계열 멜라노솜이 적게 만들어진다.

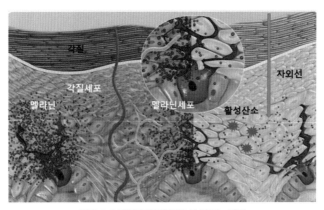

사진 4-6 자외선이 피부색소를 만드는 과정

노화(주름)의 2종류

피부노화는 두 가지(자연노화 : Intrinsic Aging, 광노화 : Photo Aging)로 나뉜다.

(1) 자연노화 : 모든 세포는 나이 들면서 텔로미어(염색체 말단소립 : 염색체 보호캡)가 줄어든다. 어느 단계 이상에서는 더 이상 세포분열을 하지 않고 세포는 그대로 늙는다. 세포에 손상이 오면 스스로 자폭한다. 피부세포도 같은 과정을 거친다. 세포가 노화되면서 진피 내 세포도 활동성이 떨어진다. 콜라겐 등 지지체가 파괴되어도 수리하지 못한다. 이것이 주름으로 나타난다.

(2) 광노화 : 자외선을 받으면 세포내 유해산소종Free Oxygen Radical이 생성된다. 이 것을 신호로 피부 콜라겐이 파괴된다. 피부세포 자체도 손상을 입고 돌연변이가 발생한다. 진피 내 고분자물질이 탄성을 잃고 주름이 생기게 된다.

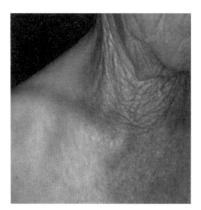

사진 4-7 피부노화 2종류

햇빛을 안 받은 부분은 자연 노화된 부분이며 검게 그을린 피부는 자연노화와 광노화가 함께 진행된 곳이다(서울대 정진호 교수 자료제공)

Chapter 3

AHA!
요구르트로 미인 되기

: 피부장벽

찜질방은 온갖 정보가 오가는 곳이다. 한낮에 이곳을 찾은 동네 아주머니들에게는 더없이 좋은 최신 정보 교류의 장소다. 옛날 우물가에서 오가던 모든 이야기가 이곳에서 오간다. 어느 날 찜질방에서 요구르트를 얼굴에 바르는 사람들을 보았다. 아니, 저 비싼 것을 왜 얼굴에 바르지? 궁금한 것을 그냥 지나치기에는 요구르트가 발효로 만들어지기에 필자의 전공분야와도 관련이 있었다. 강의 때 학생들에게라도 이야기해 주려면 왜 그 귀한 요구르트를 얼굴에 버리는지 알고 싶은 호기심이 생겼다. 답은 의외로 간단하게 돌아왔다. '얼굴이 매끈해져요.'

제4장·피부, 몸을 지키다   177

요구르트가 피부에 유익한 것은 과학적으로도 설명할 수 있다. 요구르트는 우유에 젖산균을 첨가해서 하루나 이틀 배양한다. 젖산균은 우유를 젖산으로 변화시키고 이 과정에서 산성도^{pH}가 낮아진다. 물론 비타민B도 생성이 된다. 이 중에서 피부를 좋게 만드는 것은 바로 젖산이다. 젖산은 대표적인 유기산AHA : Alpha Hydroxy Acid으로 과일에 있거나 과일을 이용해서 만들어지는 '과일산'이다. AHA는 아하! 라는 감탄사가 나올 만큼 피부에는 최고의 선물이다.

촉촉한 피부 미인이 되려면 피부 속성에 대한 지식은 기본이다. 피부는 피부장벽을 만드는 일을 평생 한다. 표피 바닥에서 자라난 표피세포는 매일 조금씩 자라면서 피부 최외각으로 나온다. 나오면서 장벽에 필요한 벽돌 같은 세포도 만들고 시멘트 같은 물질을 만들어서 담을 쌓는다. 잘 만들어진 장벽은 그 안에서 세포가 살기에 최적의 습도를 유지한다. 장벽이 튼튼하지 않으면 아토피 같은 피부 질환으로 고생하게 된다. 4주 만에 장벽 최외각에 도달한 세포는 그 목적을 마치고 장렬하게 피부를 떠난다. '때'가 되어서 떠나는 세포들을 우리는 목욕탕에서 '때'라고 부른다. 목욕탕에서 때 타월로 열심히 밀어내는 바로 그 '때'다. 정상적인 피부라면 4주 만에 떨어져 나간다. 하지만 나이가 들거나 문제가 있는 피부는 5주가 걸리고 그만큼 각질은 두터워져 피부가 거칠어진다.

요구르트는 약한 각질제거제

이런 각질을 잘 떨어뜨리는 것이 AHA, 즉 과일산이고 대표적인 것이 젖산이다. 젖산이 들어있는 요구르트를 얼굴에 바르는 아주머니들 정보력은 대단하다. 요구르트에 젖산이 들어있다는 것을 어떻게 알았을까? 하지만 요구르트는 각질을 제거하기에는 젖산 농도가 너무 낮다. 즉 5~7% 정도는 되어야 각질세포들을 붙잡고 있는 단백질을 잘라내서 떼어낸다. 그런데 요구르트는 0.9%다. 또한 pH도 4.5 정도여서 3.8 이하는 되어야 하는데 이에 미치지 못한다.

하지만 겨울베옷도 안 입는 것보다 낫다. 매일 약하게나마 각질을 제거해 주면 제거 자체가 피부에 자극을 준다. 자극을 받은 세포는 정신을 차리고 또다시 열심히 장벽을 만들 준비를 한다. 덕분에 진피 내 콜라겐이나 엘라스틴도 더 잘 만들어진다. 게다가 요구르트에는 비타민도 있으니 꿩 먹고 알 먹기이다. 다만 피부각질이 제거되면 그만큼 피부가 자외선에 취약해지기 때문에 가능한 한 햇빛을 쬐지 말아야 한다. 아주머니들이 찜질방을 선호하는 이유는 그런 의미에서 꽤 과학적인 것이다. 요구르트로 각질제거하고 지하에서 태양을 피하니 피부에는 VIP 서비스나 다름없다.

10년 전 중국 티베트 지방에서 만난 유목민들 텐트에는 담요와 다 찌그러진 우유 통이 있었다. 그 여인들은 그 통으로 우유를 발효시켜 요구르트를 만들었다. 물론 먹기도 하지만 놀랍게도 그들도 그것을 얼굴에 바르고 있었다. 유목민 여인들에게 요구르트는 아주 귀한 식량이다. 이 식량을 얼굴에 주저 없이 바를 정도로 그들에게 피부는 매우 중요한 것이다. 고운 피부를 원하는 여성들의 갈증을 풀어줄 수 있는 진정한 화장품이 필요하다.

표피와 피부장벽 만들기(사진 4-8)

피부는 위에서부터 표피, 진피로 나뉜다. 표피와 진피 경계면에는 기저층이 있고 여기에서 케라틴 형성세포가 계속해서 분열한다. 일종의 줄기세포다. 경계면에는 멜라닌색소형성세포도 있다. 신경이 경계면까지 와 있다. 머클세포도 신경전달 역할을 담당한다.

표피세포, 즉 케라틴생성세포 Keratinocyte는 단백질(케라틴)을 만드는 것이 평생 직업이다. 바닥에서 자라난 표피세포는 꼭대기로 올라가면서 서서히 성벽을 만들 준비를 한다. 세포 모양도 변한다. 세포가 변하는 단계에 따라 4종류(기저층, 유극층, 과립층, 각질층)로 구분한다. 손발바닥은 투명층이 추가로 있기도 하다.

중간단계에서는 알갱이Granule가 생긴다. 알갱이는 이후 케라틴 단백질과 성벽지질 성분을 만든다. 케라틴은 굵은 동아줄처럼 성곽을 튼튼하게 만든다. 알갱이 속에는 피부보습 성분도 들어있다. 성곽은 단순한 시멘트벽돌이 아닌 촉촉한 벽돌로 보습 기능도 유지된다. 그래야 그 아래 세포들이 살기 편하다. 바닥(기저층)에서 처음 분열해서 꼭대기까지 도달하는 시간은 보통 4주다. 나이 들면 5주가 소요된다. 그만큼 표피가 두터워진다. 밀려 올라오는 세포들 덕분에 최외각 각질층은 4주 '때'가 되면 떨어져 나간다. 이것이 '때'가 만들어지는 원리다. 집에서 굴러다니는 먼지 대부분은 이런 때 성분이다.

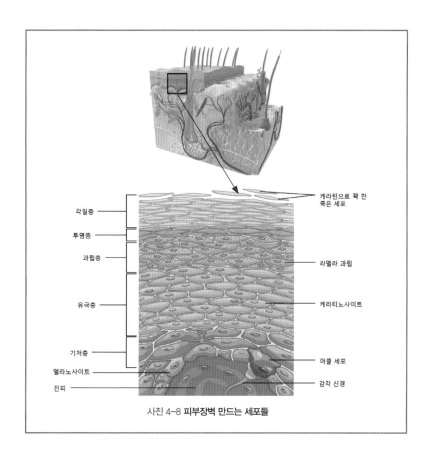

케라틴으로 꽉 찬
죽은 세포

각질층

투명층

과립층
라멜라 과립

케라티노사이트

유극층

기저층
머클 세포

멜라노사이트

진피
감각 신경

사진 4-8 **피부장벽 만드는 세포들**

화학적 박피 기술

화학적 박피는 최외각 각질세포가 잘 떨어지게 만들어 준다. 이런 박피는 너무 깊게 하면 얼굴이 빨갛게 변할 수도 있다. 화학적 박피는 사용하는 박피제 농도, 시간 등이 정확해야 한다. 박피를 하면 그 자극으로 피부 아래 기저층에서 새로운 세포가 자라나 피부재생 효과가 있고 피부색이 환해진다. 피부과에서는 주로 레이저를 사용하며 레이저 강도에 따라 피부박피 깊이가 변한다. 세포 제거 시 새로운 피부세포가 자라면서 혈관이 생긴다. 이로 인해 피부의 붉은 기가 1~3개월 지속되며 상처가 생기면 색소침착이 될 수 있다. 박피시술 후 햇빛을 피하는 게 좋다.

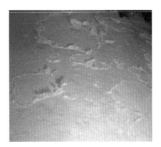

사진 4-9 **피부가 벗겨지는 모습**

Chapter 4

가짜 웃음이라도
효과는 있다

: 안면근육과 주름

웃으면 얼굴근육이 자극되어서 혈액순환이 잘된다. 한 미용 강사는 탄력 있고 건강한 피부를 만들 수 있다며 '웃는 방법'을 알려주었다. 볼펜을 입에 무는 간단한 방법이었는데도 꽤 효과적이었다. 거울을 봤더니 정말로 쉽게 웃는 상이 되었다. 강사는 웃는 연습을 자주하면 피부가 맑아지는 효과가 있다고 했다. 배우면 바로 실습해야 해야 하는 성격이기에 지하철에서 혼자서 입술을 옆으로 늘리면서 서너 번 연습을 했다. '킥―' 하는 소리에 문득 눈을 들어보니 앞에 있던 중년 여자가 실소와 함께 고개를 돌렸다. 그 여자 얼굴은 '사람은 멀쩡해 보이는데……. 어떻게 저렇게 되었을까?'라고 말하고 있었다. 뭐 어쩌랴. 웃음은 바이러

제4장·피부, 몸을 지키다   183

스처럼 전파된다고 하니 일단 앞사람에게 전파는 된 셈이다.

〈웃으면 복이 와요〉라는 코미디 프로그램이 있었다. 진짜로 웃으면 복이 올까? 국내 연구진에 의해 웃음이 일상생활에서 직면하는 어려움이나 스트레스를 극복하는 데 큰 도움이 된다는 것이 밝혀졌다. 특히 주목할 점은, 억지로 웃는 웃음도 같은 효과가 있다는 것이다. 가짜 웃음도 스트레스 해소에 도움이 된다니 놀랍고 흥미로운 연구 결과가 아닐 수 없다. 억지로 웃든, 혹은 그냥 웃든 간에 '미소'를 지었던 두 집단 모든 참가자들 심장박동수와 '스트레스 수치'가 웃지 않았던 참가자들에 비해 낮아졌다. 다만 스트레스 수치의 하락 정도에서 차이가 있었다. 마음에서 우러난 웃음이 억지 웃음에 비해 그 정도가 훨씬 컸다. 이 연구를 통해 아주 중요한 것이 밝혀졌다. 바로 억지로라도 '하하~ 호호~' 웃으면 스트레스를 완화하는 데 큰 도움이 된다는 사실이다. 왜 억지 웃음도 건강에 도움이 되는 것일까? 그 이유는 이렇다. 즉, 뇌는 억지로 웃어서 얼굴근육이 움직이는 것을 진짜 웃을 때의 근육 운동과 구분하지 못하고 모두 웃는 것으로 해석한다. 이렇게 뇌가 해석하면 건강에 좋은 호르몬을 만들어 내보낸다는 것이다. 물론 손님을 늘 접대해야 하는 서비스 직종의 경우는 본인이 즐거워지려고 웃음을 짓지 않는 한, 가짜 웃음은 오히려 스트레스다. 결국 본인이 즐거워지려고 생각하고 있느냐 없느냐의 차이가 크다고 할 수 있다.

가짜 웃음도 면역력을 높인다

그렇다면 이 웃음이 구체적으로 어떻게 스트레스를 없앨까. 웃음은 감기와 같은 바이러스 감염을 막아주는 역할을 한다. 이는 실제로 과학적으로 밝혀졌는데 웃긴 비디오 영상을 본 그룹과 가만히 방에 앉아만 있는 그룹의 '침'을 채취해 면역력(면역글로불린 : IgA)의 농도를 조사했더니 그 결과가 아주 흥미로웠다. 웃긴 비디오 영상을 본 그룹 침에서는 IgA 농도가 증가하고 다른 그룹은 변화가 없었다. 다시 말해서 웃긴 비디오 영상을 봄으로써, 각종 면역세포들과 면역글로불린, 사이토카인, 인터페론 등이 증가하고, 각종 스트레스 호르몬이 감소된 것이다. 이런 웃음 효과는 암환자에게서도 입증되었다. 말기 암환자에게 웃음치료법을 시행했을 때 면역지수가 정상으로 돌아오는 걸 확인할 수 있었다.

'패치 아담스'라는 영화에서는 웃음으로 환자를 치료하는 장면이 나온다. 실화에 바탕을 둔 이 영화는 웃음 한 번이 주사 한 방보다도 강력하게 사람을 치유할 수 있음을 보여준다. 이미 과학적으로도 증명된 사실인 것이다. 돈 안 들이고도 병든 마음을 치유할 수 있는 가장 손쉬운 방법이 웃음에 있다는 거다. 그동안 별로 웃을 일이 없었던지 오랜만에 본 거울 속 어두운 얼굴이 나에게 이야기한다.

'이봐, 뭐 해? 웃어봐.'

보톡스 주름 제거 원리

세로 주름보다는 가로 주름이 생겨야 오래 산다는 말이 있다. 세로 주름은 얼굴을 찡그릴 때, 가로 주름은 웃을 때 생기기 때문이다. 하지만 가로 주름도 주름이다. 하회탈이 즐거워 보이기는 하겠지만 젊어 보이지는 않는다. 주름을 없애는 방법은 필러 주입법, 보톡스 주사법이 있다. 필러는 피부진피 성분인 히알루론산을 변형시켜 주사한다. 시간이 지나도 분해되지 않도록 제조되었다. 보톡스 주사의 주성분은 독이다. 통조림이 부패할 때 병원균(보톨로리움)에서 생산되는 독으로 1급 생화학무기다. 끓이면 없어지는 단백질이 주성분이다. 이 독소가 사람을 죽이는 원리는 뱀독과 같다. 뱀은 상대방을 금방 무력화시켜야 뱀 자신이 살 수 있다. 뱀독은 근육을 움직이게 하는 신경전달물질(아세틸콜린)보다 더 강하게 신경 수용체에 달라붙는다. 신호가 없으니 근육이 움직이지 못하고 호흡근육이 멈추니 죽고 마는 것이다. 하지만 소량의 독은 인체에 약이 될 수 있다. 눈 근육이상인 사시를 교정하고 눈 떨림 현상도

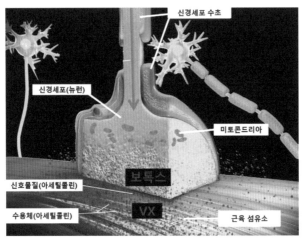

사진 4-10 신경독 작용원리

운동전기신호(녹색 화살표)가 신경세포말단에 도달하면 주머니 속 아세틸콜린(적색점)이 분비되고 근육 수용체에 달라붙어 근육세포를 운동시킨다. 보톡스는 아세틸콜린 분비 자체를, 화학무기인 신경작용제VX는 아세틸콜린 분해를 각각 막아서 모두 근육을 마비시킨다

치료한다. 다한증도 고친다. 다한증은 신경전달물질인 아세틸콜린이 땀샘을 과도하게 자극하면 생긴다. 의료용으로 쓰던 보톡스가 피부에 쓰이기 시작했다. 소량을 피부에 주사하면 피부근육이 마비된다. 안면근육을 약하게 마비시킨다. 웃을 때 움직이는 근육이 마비되면 가로 주름이 안 생기고 얼굴이 팽팽해 보인다. 하지만 부작용도 있다. 얼굴에 표정이 없어져 웃어도 부자연스러워 보인다. 어쨌든 보톡스는 피부시술 대명사가 되었다. 대통령도 주름 때문에 보톡스를 맞는 세상이다. 독 주사라도 젊게 보인다면 맞는 게 인지상정이다.

시술 후   시술 전

사진 4-11 **보톡스 시술 전후**

Chapter 5

해파리가 주름을 없애준다?

: 주름 생성

여름이 되어 기온이 서서히 오르기 시작하면 기대에 부푸는 사람들이 있다. 바로 해수욕장 상인들이다. 날이 뜨거워질수록 한몫 단단히 챙길 수도 있기 때문이다. 그런데 그들에게는 기대와 함께 한 가지 걱정거리가 있는데, 다름 아닌 해파리다. 한번 나타났다 하면 슬금슬금 사람들이 뒷걸음질로 해변을 벗어난다. 게다가 해파리에 찔려 벌겋게 부어오른 사진이라도 인터넷에 오르면 그날로 장사는 끝이다. 필자가 만난 해파리는 7월이 아닌 8월 말, 즉 해수욕장 끝물 때였다. 물도 차가워져서 해수욕은 어차피 글렀고 바닷가나 걷자면서 나간 해변에서 해파리를 보았다. 스스로 움직이기보다는 물결 따라 정처 없이 떠다니는 듯, 흐

물흐물한 모습이 별것 아닌 녀석들 같다는 생각이 들었다. 하지만 촉수에 있는 독침 한 방이면 생명에 위협적일 정도라니 가히 '허허실실虛虛實實'이다.

어선 어망에도 걸려서 어민들이 애를 먹고 있는 이 골칫덩어리가 요즘 인기를 끌고 있다. 해파리에 있는 풍부한 콜라겐 때문인데, 콜라겐이 화장품이나 의료용으로 쓰일 수가 있기 때문이다. 해파리에는 콜라겐이 3% 있다. 그렇게 많은 콜라겐이 해파리에 있다니, 해파리도 피부가 있다는 뜻인가? 그렇지는 않다. 콜라겐은 동물에 제일 많이 있는 단백질로 동물 피부나 내부 장기 사이에도 콜라겐이 꽉 차있다. 사람의 경우도 25~35%가 콜라겐이다.

콜라겐은 아주 질긴 구조로 되어 있다. 따라서 이것을 가공해서 더 단단하게 만들면 '가죽'이 되어 구두도, 가방도 만들 수 있다. 가죽벨트 콜라겐은 주로 소 피부에 있는 콜라겐을 사용한다. 다른 부위의 콜라겐은 더 가공해서 젤리나 약 포장껍질로서 사용되니 콜라겐은 많은 용도를 가지고 있는 셈이다. 그런데 이런 귀한 콜라겐이 골칫덩어리인 해파리에도 있는 것이다. 게다가 이건 해산물 아닌가? 사료를 먹는 소의 콜라겐으로 만든 약 캡슐을 먹는다면 왠지 거부감이 들 것이다. 광우병 이야기가 나온 후에는 더욱 그렇다. 그런데 파란 바닷물이 연상되는 해산물 콜라겐이라니 기분이 괜찮다.

먹는 화장품이 효과가 있을까

먹는 화장품이 시중에 선보이고 있다. 콜라겐을 먹으면 피부 콜라겐 양이 늘어나서 피부가 좋아질까? 아직 많은 연구 결과가 있지 않지만 이론적으로 불가능하지는 않다. 즉 콜라겐이 위에서 분해, 소화되어서 아미노산으로 몸에 공급된다면 그걸로 단백질이 증가하고 그중 일부인 피부 콜라겐도 증가할 수 있다. 아마도 엄청난 양을 먹어야 피부까지 도달하지 않을까? 그러다가 콜라겐 자체의 부작용으로 고생할지도 모른다. 돼지껍질 속 콜라겐이 피부에 좋을 거라고 생각하고 먹지만 기대는 안 하는 편이 좋다. 하지만 그런 희망도 없다면 질긴 껍질을 그렇게 오래 씹을 이유가 있을까? 그보다 좋은 방안이 있다. 피부 좋아지려고 많은 양의 돼지껍질과 2병 소주를 먹을 것이 아니라 소주는 딱 두 잔, 다량의 야채, 2차 없이 곧바로 집까지 한 시간 걸어가는 것이다. 얼마 지나지 않아서 피부 콜라겐 함량이 늘어나고 얼굴이 환해질 것이다.

피부를 위해서 콜라겐을 직접 먹는 것은 효능이 있을 확률이 적다. 그렇다면 콜라겐을 아주 잘게 부수어서 피부를 직접 통과시켜 보내면 어떨까? 이 방법은 진피에 있는 세포들에게 직접 콜라겐 원료를 먹이는 셈이다. 그러면 먹는 것보다는 훨씬 효과적일지 모른다. 최근 해수부 국가연구소를 중심으로 콜라겐을 해파리에서 분리해서 화장품 원료로 쓰려는 연구가 활발하다. 골치 아픈 해파리도 처리하고 또 고급 원료로도 사용할 수 있다면 도랑 치고 가재 잡는 격 아닌가? 해파리의 변신이 기대된다.

진피 속 콜라겐, 엘라스틴

진피眞皮는 진짜 피부란 의미다. 진피 속 콜라겐, 엘라스틴 등 단백질이 탄력, 장력을 만들어 피부를 탄탄하고 질기게 한다. 이런 단백질이 없으면 피부를 당겼을 때 금방 떨어져 나갈 것이다. 진피는 이런 길고 질긴 단백질로 가득 차 있다. 표피와는 달리 진피 내 세포들은 듬성듬성하다. 콜라겐을 만드는 세포(섬유아세포)가 노화되고 콜라겐이 자외선으로 잘라지면 주름이 생긴다. 따라서 주름을 없애려면 자외선을 막아야 한다. 그래야 세포, 콜라겐이 원상태를 유지한다. 노화방지에 자외선차단제가 효과적인 이유다. 노화피부세포에 영양분을 공급하는 것도 방법 중 하나다. 하지만 방지가 훨씬 쉽다. 한 번 손상된 세포들을 되돌리기는 힘들기 때문이다. 진피는 상부에 세밀한 섬유들이 모여 있는 유두乳頭진피와 하부에 그물망 구조의 거친 콜라겐, 엘라스틴이 얽혀 있는 망상진피가 있다.(〈사진 4–11〉, 〈사진 4–12〉, 〈사진 4–13〉 참조). 상부 유두진피는 표피하단과 레고처럼 맞물려 있지만 이 결합은 나이 들면 약해져서 표피와 진피가 밀려서 마찰성 수포가 발생하기도 한다.

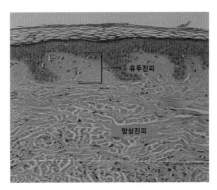

사진 4–12 **진피구조**

피부 진피에는 유두乳頭진피Papillar와 망상網狀진피Recticular가 있다. 각각 오돌오돌 올라온 형태와 그물망 구조란 의미다

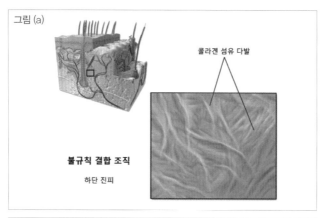

그림 (a)

콜라겐 섬유 다발

불규칙 결합 조직

하단 진피

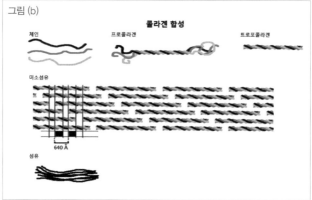

그림 (b)

콜라겐 합성

체인

프로콜라겐

트로포콜라겐

미소섬유

640 Å

섬유

사진 4-13 **콜라겐 구조**

(a) 피부 진피 내 콜라겐 모습 : 진피 아랫부분 망상진피에는 더 굵은 형태의 콜라겐이 있다.

(b) 콜라겐 합성: 콜라겐은 3가닥 단백질이 꽈배기처럼 꼬여 있다. 3~4개 아미노산이 반복되는 구조다. 그래서 서로 꼬이기 쉬워 단단한 밧줄 형태가 된다. 같은 단백질이라도 달걀 흰자위처럼 물컹거리지 않는다. 콜라겐은 때로 흉터를 남긴다. 피부가 베이거나 데면 치유가 시작되는데 이때 비정상적으로 섬유조직이 밀집되게 성장하게 되면 피부표면이 불쑥 솟아오른다. '켈로이드'라 불리는 이 상처는 수술로 제거해야 한다. 상처 초기에 빨리 치료할수록 이런 흉터가 남지 않는다.

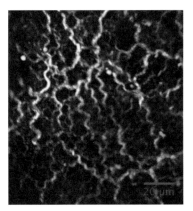

사진 4-14 **엘라스틴 구조**

엘라스틴은 스프링 같은 탄력을 준다. 구조 자체가 늘어났다 줄었다 한다. 단백질 체인 사이는
서로를 연결해 주는 링크구조가 있어서 탄성을 준다

Chapter 6

효소가 피부를
매끄럽게 한다
: 피부침투

얼마 전 강원도 곰배령을 다녀왔다. 곰배령은 산림유전자원보호구역으로 지정되어 하루 200명으로 입장을 제한하고 있었다. 곰배령 정상으로 오르는 계곡은 잘 보존되어 있었다. 덕분에 사람 때가 묻지 않은 나무와 많은 이끼 등을 볼 수 있었다. 산행을 끝내고 들어선 식당 벽에 있는 메뉴가 눈길을 끌었다. '산 약초 효소 팝니다' 약초면 약초지 웬 효소? 생명공학을 전공하는 나에게 '효소'는 강의 중 가장 많이 쓰는 단어라 할 수 있을 만한 중요한 단어다. 주인장에게 산 약초 효소를 어떻게 만드냐고 물었다. 곰배령 근처 산에서 채취한 많은 약초(주인은 수백 가지라고 했는데 정확한 개수와 상관없이 '종류가 많다'는 의미인 것 같았다)에 설탕을 넣고 몇 달 놔두면 그게 산 약초 효소가 된다고 했다. 인터넷이나 전화주문으로 쏠쏠히 돈을 번다고 했다. '효소'란 용어가 잘못된 거라고 이야기했다. 그러자 모두들 '효소'라고 이야기하고 인터넷, 심지어는 방송에서도 '효소'라고 이야기하는데 왜 잘못되었냐며 당신 사이비 교수 아니냐는 표정이다. 단어가 맞냐 틀리냐를 떠나서 아무런 과학적 근거 없이 여러 가지 검증되지 않은 식물을 그대로 먹는 누군가가 걱정된다.

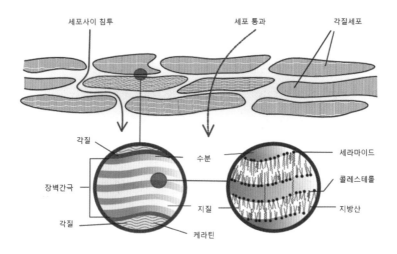

사진 4-15 **피부침투 경로**

피부 최외각 각질세포는 벽돌이고 그 사이를 메꾸는 시멘트는 피부장벽이다(벽돌과 시멘트 모델). 벽돌은 물리적으로 탄탄하게 만들고 장벽은 외부물질이 침투하지 못하게 한다. 시멘트 성분은 세라마이드, 콜레스테롤, 지방산이다.

- 침투 경로 : (1) 각질세포 사이 (2) 각질세포 통과 (3) 모발을 통한 흡수

효소^{Enzyme}란 '효모 안에 있다'라는 어원으로 세포 안에 들어있는 단백질로 만들어진 '일꾼'이다. 중매쟁이가 있으면 결혼이 빠르게 성사되듯이 효소가 있으면 반응이 빠르게 이루어진다. 침 속 아밀라아제 효소가 밥에 있는 녹말을 잘게 부수듯이 효소는 몸에서 일어나는 모든 일에 관여한다. 콩을 삶아서 두부를 만들면 별로 변하는 것이 없지만 콩으로 메주를 만들면 메주 안 미생물들이 발효를 해서 새로운 물질들이 만들어진다. 메주 속 미생물은 어디에서 왔을까. 콩을 삶았으니 콩에는 없을 것이고 외부에 가능성이 있다고 봐야 한다. 바로 메주를 매달던 짚에서 왔다. 식물(짚) 잎에 있다 해서 이름도 고초^{枯草}균이다.

'효소'란 말이 잘못 쓰이고 있다

이제 그 메주를 먹었다 하자. 그 안에는 많은 미생물들이 있을 것이고 여기에서 만들어진 많은 효소들과 미생물들도 있을 것이다. 하지만 먹으면 효소는 위에서 위산과 분해물질(또 다른 효소)로 다 분해된다. 메주가 몸에 좋은 이유는 효소 때문이 아니고 효소 혹은 미생물이 만든 어떤 물질 때문이다. 산 약초를 설탕에 담가 놓으면 삼투압 차이로 약초 내 성분이 우러나온다. 물론 일부 진짜 효소도 우러나올 수 있지만 효소가 기능을 할 수 없는 환경이다. 산 약초에서 나온 어떤 성분이 몸에 좋을 수는 있지만 효소는 아니란 이야기이다. 매실효소도 같은 원리이다. 설탕으로 우려낸 것은 매실 열매 내 물질, 즉 추출물Extract이지 매실 효소가 아니다.

 피부에 사용할 수 있는 진짜 '효소'가 한 종류 있기는 있다. 단백질분해효소인데 보통 가정에서 고기를 연하게 하는 데 사용한다. 즉 배나 키위를 갈아서 고기에 뿌려 놓으면 단백질분해효소 덕분에 고기 내 단백질이 분해되고 연해져서 먹기가 좋다. 만약 키위를 갈아서 피부에 바르면 어떻게 될까? 피부가 연해질까? 실제로 '파파야Papaya'라는 열대과일에 있는 파파인 단백질분해효소를 사용하여 피부각질제거제로 개발한 사례가 있다. 각질은 단백질이고 이것을 효소가 잘라주면 각질제거와 같은 효과가 있다. 각질제거는 피부를 매끈하게도 하지만 피부세포를 자극해서 세포가 잘 자라게도 한다.

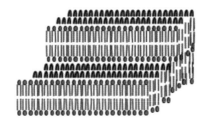

사진 4-16 **피부장벽 구조**

친수성 머리(적색)와 소수성 꼬리 부분(흑색) 물질이 스스로 층을 형성한다. 이 물질들은 각질형성세포(케라티노사이트)가 각화과정을 거치면서 세포 내에서 만든다. 피부 최외각 층이 각질층을 만들 때 이 물질들이 분비되어 벽돌(각화세포) 사이를 메꾸는 시멘트 역할을 한다. 이 장벽이 잘 유지되어야 수분손실이 없다. 환경적, 유전적으로 피부장벽이 문제가 생기면 아토피가 생긴다

만약 곰배령 산 약초 추출물을 피부에 바르면 어떻게 될까? 산 약초 내 어떤 성분이 피부에 좋을 수도 있다. 하지만 검증되지 않은 것은 비록 그것이 먹는 약초라 해도 피부에 바르는 것은 현명치 못하다. 우려낸 녹차 속 카테킨 성분처럼 검증된, 즉 안전하고 효능 있는 성분을 사용하는 것이 옳은 방법이다. 피부는 생각보다 예민하고 살아 있는 세포들이기에 검증되지 않은 물질로 모험을 할 수는 없다. 피부 관리에 과학이 절실한 이유이다.

모순矛盾 : 막으려는 장벽과 뚫으려는 기능성 화장품

피부는 장벽을 만들어야 한다. 그것이 피부가 존재하는 이유이기도 하다. 마음대로 아무것이나 피부 내로 들어가면 안 된다. 반면 기능성 화장품은 유용한 물질을 피부에 전달시켜야 효과가 있다. 피부장벽을 통과해야 한다. 막겠다는 장벽, 들어가겠다는 기능성 피부소재, 둘 사이는 모순矛盾, 즉 창과 방패다. 피부에 좋은 성분을 만들었다면 그 효과를 검증해야 한다. 검증은 피부세포와 실제 인체를 사용한다. 실험실에서 사용하는 피부세포는 검증이 간단하지만 실제 피부와는 많이 다르다. 다른 점 중의 하나는 피부장벽 여부다. 인체는 피부장벽이 있다. 이걸 통과해서 어떤 물질이 들어가야 피부세포에 원하는 효과를 일으킬 수 있다. 따라서 연구자들은 갖가지 방법으로 피부침투 효율을 높이려 한다. 사용하려는 원료 특성이 가장 중요한데 우선 소재 크기, 즉 분자량이 작아야 한다. 500달톤 이하면 쉽게 침투한다.

그다음으로 중요한 특성은 소재가 친수성인가 소수성인가이다. 소수성, 즉 물에 잘 안 녹는 구조일수록 잘 들어간다. 피부장벽의 세 가지 성분은 세라마이드(40%), 지방산(25%), 콜레스테롤(25%)이다. 모두 소수성이며 이 성분들을 통과해야 한다. 즉 화장품 유용 성분이 크기가 작고 소수성이라면 피부장벽은 쉽게 통과한다. 그렇지 않을 경우는 다른 방법을 쓰는데 고분자물질로 둘러싸서 나노입자 크기로 만들면 통과효율이 높아진다. 대부분 단백질은 친수성이고 분자량이 커서 그냥 들어가지지 않는다. 호르몬, 사이토카인 등 세포 내 중요한 신호전달물질을 피부세포에 공급하면 효과가 높은 경우가 있지만 이런 물질들은 피부장벽을 뚫기가 대단히 어렵다. 예를 들면 피부세포 성장인자^{hEGF}는 분자량이 6045이다. 친수성에 고분자인 이 물질만 통과시킨다면 상처 난 피부가 쉽게 재생이 될 터인데 침투가 관건이다. 기능성 화장품은 기능성물질을 함유한 화장품으로 확실한 기능성을 보이려면 피부에 침투해야 한다. 막겠다는 피부장벽과 뚫겠다는 기능성 화장품 사이 한판 승부가 기대된다.

사막을 살아가는 비법,
촉촉함

: 수분과 보습

나는 나이보다 젊어 보일까 아니면 겉늙어 보일까? 내 나이 또래 저 배우는 어떻게 저렇게 팽팽한 피부를 가지고 있는 것일까? 태어난 체질 덕인지 뭔가 남모르는 비법이 있는지 궁금하다. 최근 연구에서 나이 드는 것보다 더 빨리 피부 노화를 가져오는 원인을 찾아냈다. 바로 피부 보습력이 떨어질 때다. 그렇다면 최고의 보습제를 찾는 일이 최고의 피부를 만드는 지름길이라고 할 수 있을 것이다. 그 답은 사막에 있었다.

이집트 수도 카이로 외곽, 사막이 시작되는 바로 그곳에 사람들이 농장을 만들고 있었다. 사막 한가운데 작은 나무들을 줄지어 심어 놓았고 그 옆으로 물탱크와 물을 뿌려주는 긴 파이프가 장관이었다. 물탱크에서 물이 뿜어 나와 심은 나무가 뿌리를 내리고 잎이 자라난다. 하지만 심긴 나무들이 제대로 살아남을지는 의문이었다. 이미 바싹 말라버린 나무들은 농사일로 거칠어져서 말라버린 피부를 가진 시골 할머니 손 같아서 안쓰럽기까지 하다. 사막에서 식물이 살기란 8월 한낮 아스팔트 위에 뿌리를 내리는 것보다 더 힘들어 보인다. 식물이 사막에서 살아가는 비법은 없을까?

사막은 일 년 내내 강우량이 25㎜로 한국 강우량 50분의 1밖에 안 된다. 이집트 카이로에서 20년 만에 올해 처음 비를 맞았다는 가이드 말이 실감난다. 그런데 이런 사막에서도 잘 살고 있는 식물이 있는데, 그건 선인장이다. 선인장은 놀라운 식물이다. 선인장은 잎이 없지만 날카로운 가시가 잎을 대신하고 있다. 잎을 통해 수분이 증발되는 것을 막는 진화의 흔적이다. 선인장을 잘라본 사람은 물이 촉촉이 배어 있는 선인장 몸체를 발견할 수 있다. 이렇게 물을 가지고 있는 또 다른 식물에는 알로에가 있다. 백합과에 속하는 이 식물도 선인장과 비슷한 환경에서 자란다. 이 식물들이 가지고 있는, 보습 능력이 있는 물질은 트리할로스Trehalose라는 당糖이다.

두 개의 포도당이 결합된 이 물질은 극한 환경에서 살아가는 데 많은 도움을 준다. 세포 내에 물이 부족해지면 두 개 포도당 분자가 결합한 트리할로스를 만든다. 이 물질은 알파결합을 하고 있어서 녹말과 같은 결합구조이다. 그런데 위급한 상황, 즉 급히 포도당을 만들어 살아남아야 할 때는 트리할로스가 더 쉽게 포도당을 만든다. 왜냐면 효소로 자를 때 녹말은 1개의 포도당을 한쪽 구석에서 내놓지만 트리할로스는 한 칼에 두 개의 포도당을 동시에 내놓는다. 또한 이 물질은 구조상 물을 품고 있기가 쉬워서 좋은 보습제 역할을 한다. 게다가 이 물질은 온도가 내려가면 세포 내에 얼음이 생기는 것을 방지해 준다. 한마디로 추운 겨울에도 식물에 수분을 유지할 수 있는, 때로는 비상식량기능까지 가지고 있는 놀라운 물질인 것이다.

사막에서 살아남는 부활초

이 물질이 들어있는 식물은 선인장뿐만 아니라 사막에 살고 있는 또 다른 식물인 부활초 Resurrection Plant이다. 이 식물은 성서에서 나오는 유대 광야 '여리고' 계곡에서 자라는 '여리고 장미 Rose of Jericho'이다. 예수님이 죽었다가 부활한다는 의미의 부활초는 물이 없으면 트리할로스를 만들면서 휴면 상태로 들어간다. 거의 죽은 것처럼 바람에 의해 광야를 이리저리 굴러다니는 이 식물은 물이 있는 곳에 도달하면 언제 그랬냐는 듯 피어난다. 그래서 부활초라는 명성과 함께 축복받은 식물이 되었다. 사막에서 살아가는 방법을 터득한 것이다.

이집트 수도인 카이로에서 반나절을 이동하고 다시 지프차로 한 시간을 달리면 베두인이 살고 있는 사막에 도착한다. 이곳 사막에서 살아가려면 몸과 마음이 선인장 같아야 한다. 아무리 황량한 환경이라도 선인장 속처럼 늘 촉촉하게 사람들을 품을 수 있어야 한다는 말이다. 여행에서 만난 베두인 남자와 결혼해서 살고 있다는 '열정의 한국인' 여인을 이곳에서 만날 수 있었다. 그분의 거칠어진 피부에, 뜨거운 가슴에 트리할로스가 가득한 부활초를 선물하고 싶다. 촉촉함이야말로 사막을 살아가는 비법이기 때문이다. 나이보다 젊은 피부를 가지는 방법, 그것은 부활초처럼 늘 촉촉함을 갖는 일이다.

사진 4-17 사막 부활초
마른 상태로 사막을 굴러 다닌다

사진 4-18 **부활초 부활 모습**
부활초에 물을 공급하면 수 시간 내에 식물체로 자라난다

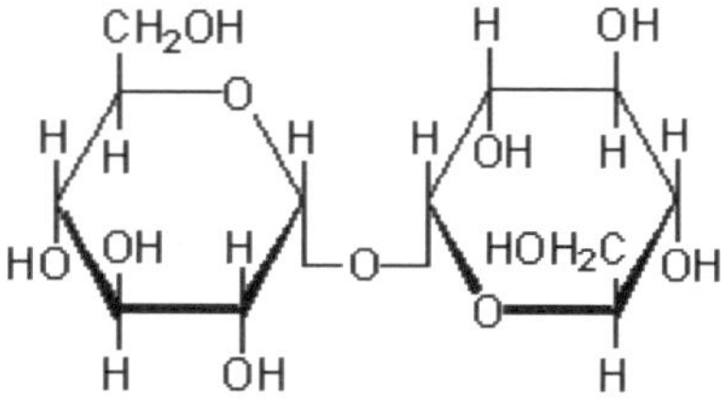

사진 4-19 **사막 부활초 보습 성분(트리할로스 구조)**
당이 2개 연결된 구조로 다량의 —OH 그룹을 가져서 물을 많이 함유한다

피부장벽을 닮은 보습화장품

피부가 촉촉하려면 수분이 날아가지 말아야 한다. 수분증발 방지법은 2가지다. 피부장벽에서는 나가는 것을 막고 피부 내부에서는 물을 잡아주어야 한다. 피부장벽은 세라마이드, 지방산, 콜레스테롤 3종류의 소수성 물질로 피부장벽을 만들어 수분이 쉽게 빠져나가지 못한다. 반면 피부표피층에는 천연보습인자 NMF : Natural Moisturizing Factor인 아미노산유도체(피리돈, 카복실산)가 있다. 이놈들은 피부세포가 위로 올라가면서 세포 내부에서 생성된다. 바로 이놈들이 수분을 잡고 있다. 피부의 이런 기능을 모방해서 피부보습 화장품을 만든다. 보습용 화장품은 두 가지 성분이 있어야 한다. 화장품 내 오일 성분은 피부에 얇은 기름 막을 만들어 증발을 방지한다. 화장품 내 보습 성분은 글리세린, 트리할로스, 당 등이다. 이 물질들은 구조 내에 물을 잡아주는 친수성그룹 ―OH이 많다. 글리세린은 담배첨가제로 담배를 촉촉하게 해야 '호로록' 타버리지 않고 연기를 만들어 낸다. 이 세 개의 OH 그룹이 물을 잡아준다.

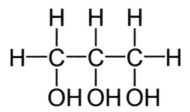

사진 4-20 **글리세린 구조**

피부 수분 손실 측정법

피부장벽과 피부보습기능이 저하되면 피부 내 수분이 표피를 통해 밖으로 날아간다. 손실 정도 측정 방법은 피부 상단 2곳 상대습도를 측정한다. 수분손실이 클수록 상대습도 차이는 커진다. 수분손실은 피부장벽기능이 떨어졌을 때 증가한다. 주방세제를 자주 쓰면 피부장벽 내에서 기름 성분이 없어진다. 장벽이 깨지면 급격히 피부 수분 손실이 증가한다. 나이 들면 피부 수분 손실은 약간 감소한다. 그 이유는 피부장벽기능 자체보다는 피부각질이 두꺼워지기 때문이다. 즉 피부세포가 진피/표피 경계에서 분열해서 자라 올라오고 장벽을 형성하는 기간이 4주에서 더 지연된다. 4주 만에 장벽이 떨어져 나가야 하는데 늦어지면 두꺼워진다.

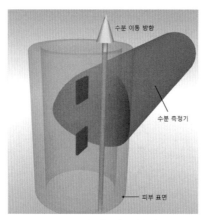

사진 4-21 **피부수분손실 측정원리**

피부 위의 두 점 사이의 상대습도 차이를 구한다. 차이가 클수록 수분증발 속도가 크다

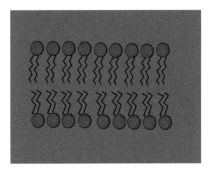

사진 4-22 **피부장벽 구성**

피부최외곽 각질세포 사이에는 세라마이드, 지방산, 콜레스테롤이 이중 막을 이루어서 피부장벽을 형성한다

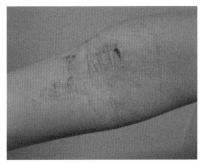

사진 4-23 **피부 아토피**

피부장벽이 환경, 유전적 원인으로 깨질 경우 아토피가 발생한다

· 색인 ·

전파과학사에서는 독자 여러분의 책에 관한 아이디어와 원고 투고를 기다리고 있습니다. 전파과학사의 임프린트 디아스포라 출판사는 종교(기독교), 경제·경영서, 문학, 건강, 취미 등 다양한 장르의 국내 저자와 해외 번역서를 준비하고 있습니다. 출간을 고민하고 계신 분들은 이메일 chonpa2@hanmail.net로 간단한 개요와 취지, 연락처 등을 적어 보내주세요.

피부 나이를 거꾸로 돌리는

바이오 화장품

1판 1쇄 찍음 │ 2020년 7월 10일
1판 1쇄 펴냄 │ 2020년 7월 21일

지은이 │ 김은기
펴낸이 │ 손영일
편집 │ 손동민
디자인 │ 기민주

펴낸곳 │ 전파과학사
출판등록 │ 1956년 7월 23일 제10-89호
주소 │ 서울시 서대문구 증가로 18(연희빌딩), 204호
전화 │ 02-333-8877(8855)
FAX │ 02-334-8092
E-mail │ chonpa2@hanmail.net
홈페이지 │ www.s-wave.co.kr
공식블로그 │ http://blog.naver.com/siencia

ISBN │ 978-89-7044-939-5 03590

이 도서의 국립중앙도서관 출판예정도서목록(CIP)은 서지정보유통지원시스템 홈페이지(http://seoji.nl.go.kr)와 국가자료종합목록시스템(http://www.nl.go.kr/kolisnet)에서 이용하실 수 있습니다. (CIP제어번호 : CIP2020028433)